当代建筑师的解题定律及范式

白 旭 ◎著

中国纺织出版社

内容提要

建筑学是构建在设计和艺术两方面意义上的一门综合性学科。在现代工业的快速发展中，建筑学有着非常重要的影响力。本书重点关注建筑学理论及其实践应用，从建筑学的本质出发，探究从古至今建筑理论的发展及其所做的贡献，并且结合其他学科，如文化人类学、环境生态学、语言符号学等，综合探究建筑学的理论发展。对于建筑实践操作，本书也有重点介绍，如景观建筑、项目策划、房屋设计等。本书适合高等院校建筑学、设计学等相关专业师生使用，也可供相关专业人员参考。

图书在版编目（CIP）数据

当代建筑师的解题定律及范式／白旭著. —北京：中国纺织出版社，2019.12 （2023.4 重印）
ISBN 978-7-5180-4639-3

Ⅰ.①当… Ⅱ.①白… Ⅲ.①建筑理论 Ⅳ.①TU-0

中国版本图书馆CIP数据核字（2018）第014717号

责任编辑：武洋洋　　责任印制：储志伟

中国纺织出版社出版发行
地址：北京市朝阳区百子湾东里A407号楼　邮政编码：100124
销售电话：010—67004422　传真：010—87155801
http://www.c-textilep.com
中国纺织出版社天猫旗舰店
官方微博http://weibo.com/2119887771
大厂回族自治县益利印刷有限公司印刷　各地新华书店经销
2019年12月第1版　2023年4月第3次印刷
开本：710×1000　1/16　印张：15.75
字数：250千字　定价：65.00元

前　言

作为人类生活的庇护所，建筑散布于大地。人们身在建筑之中，不断使用并体验它们。建筑既具实用功能性，也具备精神与文化的内涵，是自然和人类之间的物质、能源及信息的传递与交换媒介。随着时代的进步，设计范畴不断拓展，设计内涵逐渐得到延伸，建筑师应从动态、发展、前瞻的角度进行建筑设计思考。近年来，我国有关建筑师解题定律及范式的研究比较薄弱。为了弥补这一欠缺，推动我国建筑事业的发展，尽可能地为建筑事业献言献策，作者投入大量的精力撰写了本书。

本书共分为五章，第一章重点探讨了时间维度下的建筑理论，内容包括古建筑理论思潮，从中世纪发展来的近代建筑理论思潮，现代建筑理论思潮以及建筑理论与实践概述；第二章针对独特魅力下的建筑学展开具体探讨，内容包括建筑美学、建筑形态学、建筑类型学等；第三章主要围绕多学科与建筑学的融合及渗透进行深入分析，内容包括文化人类学、环境生态学、现象解析学、行为心理学、语言符号学以及信息传播学；第四章、第五章侧重讨论了建筑规划设计的全过程，主要包括建筑场地策划、建筑项目策划、建筑形态构成以及建筑设计实践等内容。

本书力图从基本概念出发建立基本理论体系，同时结合一些最新的设计案例，以激发读者的阅读兴趣，增强读者对当代建筑师的解题定律及范式的认识，并起到抛砖引玉的作用。

本书是在参考大量文献的基础上，结合作者多年的教学与研究经验撰写而成的。在本书的撰写过程中，作者得到了许多专家学者的帮助，在这里对他们表示真诚的感谢。另外，由于作者的水平有限，虽然经过反复修改，但是书中仍难免有疏漏与不足，恳请广大读者指正。

作者

2019 年 10 月

目　录

第一章 时间维度下的建筑理论

一个多世纪以来，西方建筑的思想、理论、风格和技术深刻地影响了中国。从古罗马的维特鲁威到中世纪，再从中世纪到文艺复兴、启蒙运动，直至第一个建筑学的理论体系在古典主义的基础之上萌芽、发展。随着欧洲民族国家的兴起，第一次、第二次工业革命的展开，科学技术的发展和现代城市群落的形成，使得西方建筑理论与西方历史文化逐渐融合，并渗透进人类生活的各个方面。

但西方世界的建筑理论并不是短时间内一蹴而就的，而是经历了漫长的历史积淀过程，这一过程既有发展创新，也有曲折迂回。时至今日，西方世界的建筑理论在现代社会中已经发生了翻天覆地的变化，新技术的进步、新材料的选用，使得人们逐渐摆脱传统的土、木、石建筑材料，转向钢筋、混凝土、玻璃等新型材料。

新的材料和新的设计理念，反映了新时代人们崭新的精神需求，使得现代建筑理论呈现出了前所未有的创新和变革。因此，对于许多研究者来说，需要从西方建筑史的角度，了解西方建筑理论的发展脉络，了解一位位为推动建筑理论发展而努力的伟大学者和建筑师，以便从前人的理论和智慧成果中学习经验，并为我国建筑发展和理论研究提供方向和思路。

第一节 古建筑理论思潮

西方建筑理论的发展历史，虽然经过了漫长而曲折的道路，有过纷繁的发展样态，但是却始终保持了某些一以贯之的特点，如建筑的功能问题、建筑的形式问题、建筑的结构问题、建筑的材料问题。这些问题在两千年以前维特鲁威的建筑理论著作《建筑十书》中就已经明确地提了出来，而在两千年之后的现代建筑运动中，这些问题依然是西方建筑所关注的核心问题。

从中可以看出，在西方建筑学领域中，正是由于在这些十分基本的问题上反复地琢磨，深入地思考，不断地研究与探讨，才使建筑理论得到不断丰富。虽然这些问题现在看来是一些基础问题，但却是关系建筑理论体系发展的核心问题。在不同的历史时代，经济、社会发展条件各不相同，理论研究的视角和思维的视角也在不断变化，针对问题提出的解决方法在变化，甚至会出现重复或倒退。但总的说来，任何理论的研究都是立足于基本问题，立足于实际情况，但又随着时代与环境的改变而不断地拓新、赓续与发展，这是研究建筑理论一个亘古不变的规律。

一、维特鲁威《建筑十书》

维特鲁威的《建筑十书》（De Architectura Libri Decem）是我们所知现存唯一一部有关古代建筑学的著作。通过研究发现，自文艺复兴以来，所有有关建筑理论方面的文学描述，都是基于维特鲁威的著作基础之上，或者至少是在与维特鲁威的思想相关联的基础之上。如果没有研究过关于维特鲁威的知识，是不可能把握住任何文艺复兴以来，至少是 19 世纪之前的建筑理论方面的话语的。

当然，维特鲁威不是历史上第一位从事建筑理论著述的人，但是，不幸的是，所有比维特鲁威更早的关于这一方面的著述早已无迹可寻。那些希腊人、罗马人的论述，其中的一些论题虽然能查阅到相关内容，但只是一些关于单体建筑物的描述，或者是有关一些特殊问题的讨论，例如关于神庙比例问题的讨论等。

从维特鲁威的《建筑十书》和其思想理论来看，应当把其看作是研究古建筑理论的一个完整整体，尽管他的著作似乎有一些枝蔓繁复，而且他也喜欢用那些古怪的术语，当然其中的部分原因是将希腊文翻译成拉丁文时所造成的混淆，这一点不应该被忽略。然而，有一点应该确定，维特鲁威的那些晦涩难懂的段落，正是后来的建筑理论晦涩与观点纷争的原因之一。

（一）维特鲁威个人背景

正如维特鲁威在自己著作第四书的前言中所骄傲地宣称的，他是有史以来第一位在形式的系统性上覆盖了建筑学全部领域的人。后来的作品，如 M. 塞图斯·费雯蒂斯（M. Cetius Faventinus）所著的具有概论性质的著作《各类建筑之建构工艺》（De Diversis Fabricis Architectonicae），或者是由后期帝国时代的帕拉蒂斯（鲁特留斯·塔乌卢斯·艾米连努斯）[Plladius（Rutilius Taurus Aemilianus）] 所写的《农业论》（De Re Rustica），就是直接或间接地受到了维特鲁威的影响。这两本书在建筑理论史上的重要性不是特别大。

关于维特鲁威的整个成长经历，我们所知道的仍然是微乎其微。我们只能对一些无法证实的资料加以分析，这其中比较重要的一个材料，出自一位来自意大利福尔米亚（Formia）的名叫马穆拉（Mamurra）的罗马贵族。

尤利乌斯·恺撒（Julius Caesar）时代的维特鲁威曾经在罗马军队中服役，当时，他曾制造过攻城的设施，也许是桥梁之类的东西。在恺撒死（公元前 44 年）后，他在奥古斯都屋大维（Octavian）的手下，从事罗马城的供水工程的工作。他大约是在公元前 33 年退休的，那时的他恰逢奥古斯都的妹妹屋大维娅（Octavia）推行一些好的政策，使他获得了一笔养老金，可以享受到衣食无虞的晚年生活。

蒂尔舍（Thielscher）设定他的出生时间是公元前 84 年，如果这一点能够被接受，那么可以推算出这部建筑理论是在他 51 岁的时候开始写的。这一年也正是他开始退休生活的那一年。因而从表面的资料来看，他写作《建筑十书》的时间大约在公元前 33 年至公元前 14 年。写在这些书前面的用来陈述一些建筑原理的前言，很可能是后来加进去的，他写作的这些书本身内在的前后顺序也不是那么清晰。

从维特鲁威自己所提到的几处声明中，可以知道他并不是一位成功的建筑师：他仅仅提到了自己创作的一座建筑物，这是建在省城法诺（Fano）的一座巴西利卡。他似乎十分安于一种不被人承认是一位有创造性的建筑师的状态。他的论文倾向于促进对建筑学的重要性的认识，同时，他也着意于创造一个能够使他载入史册的丰碑。

（二）维特鲁威作品理论分析

《建筑十书》可以分成十本书，每一本书都有一个似乎与书中的内容关联不是很密切的前言，概而言之，大约是给这本书提出一些问题，同时也给前面的书做出一个总结。这些前言似乎可以看成是一个独立的完整部分，其中包括一些关于论文目标的基本观点以及作者对于自己形象的一个说明。

十本书的内容如下。

第一书：建筑师教育，包括基础的美学与技术原理；建筑学的分支——房屋，钟表学，机械学，公共大厦与地方建筑；城市规划。

第二书：建筑学的发展，建筑材料。

第三书：神庙的建造。

第四书：神庙的种类，柱式，关于比例的理论问题。

第五书：公共建筑，对于剧场建筑的特别说明。

第六书：私人住宅。

第七书：建筑材料的使用，壁画及其色彩。

第八书：水以及上水的供给。

第九书：日光体系，日晷及水钟。

第十书：机械构造与力学。

在每一本书的前言中所反复讨论的，主要是围绕三种类型的主题：

（1）关于维特鲁威其人；

（2）论文之功能所在；

（3）一般性的建筑问题，在这里维特鲁威继续将建筑学的概念引入当前国家的意识形态之中。

论文是献给奥古斯都皇帝的。关于书的结构及他准备献给皇帝的话是维特鲁威自己在为给予他的退休养老金而表达某种感激之情时所说的。在第二书的前言中，他把自己描述成为一个矮小的、年老的、丑陋的人，他希望这些书能将自己举荐给奥古斯都，这有可能是期望得到一些建筑工程的委托。

为了更加衬托出他的诚实与能力，他讲了一个有关建筑师迪诺克拉蒂斯（Deinocrates）的故事。这个建筑师戏剧性地出现在亚历山大大帝面前，把自己装扮成令人讨厌的大力士赫尔克里斯（Hercules），试图保住他随身所带的一个将要实施的设计方案的工程委托权。据说，亚历山大拒绝了他的设计方案，但是，却委托了迪诺克拉蒂斯参与设计在埃及亚历山大城内的一座建筑。维特鲁威抨击了这样一种获得工程委托权并向统治者邀宠的方法，但是，却表示了"希望我的著作出版所带来的知识方面能够得到您的承认"的想法。他希望以他的十本书得到后世子孙的尊重与崇敬。

维特鲁威将他论文的目标定在几个不同的层次上。在表达了他甘于奉献的愿望以及对于给他的晚年生活所提供的福利的谢意之外，在第一书的前言中，他在给奥古斯都的致辞中表述了他的论文的主要思想："我注意到您已经建造了许多伟大的工程，并将继续建造下去。我也非常欣赏您将在您所剩余的时间里，尽您的努力去建造更多更伟大的公共与私人建筑，以留给后代子孙一个关于您的伟大功绩的恰当记录。我已经描绘了清晰可依的规则，因而只要您亲自认真地阅读它们，您就将能够对关于您已经创造的建筑物以及即将创造的建筑物的品格与质量做出您自己的判断，因为在这些著作中，我已经罗列出了所有有关建筑的原理与规则。"

同时，维特鲁威在思考着有关一个更加广泛的应用范围以及如何能够面对那些直接建造房屋的人讲话，面对那些在没有建筑师的情况下，仍然可能建造私人住宅的人们讲话。最后他表达说："因此，我想我应该极其小心地写作一部可以让人理解的关于建筑艺术、关于建造方法的书，并且相信未来以此而服务于这个世界，将不会是一件令人不愉快之事。"

维特鲁威用了一些章节讨论了他在材料表述方面的方法论问题和语言学问题。在第一书的第一章，他为他的书在语言表达上的笨拙而表示歉意，接着他说："但是，我可以保证，我在这些书中所表达的关于我的艺术旨趣，以及其中蕴含的原理是清晰而具有权威性的，这一点不仅对那些建造者是这样，而且对于所有受过教育的人们，都是如此。"

在第五书的前言中，他强调了他希望这些书在文字上简明扼要的愿望。但是，他也意识到，他在书中所用的术语，对于大量的普通人而言是十分生疏的，他们理解起来可能会有一些困难。因为这个原因，他特别指出了将概念与定义限定在一个准确与明晰的范围之内的重要性。而这正是他在一些重要章节中所没能够达到的目标之一。

在第七书的前言中，维特鲁威为他这些书的原创性而辩护，他对于艺术与文学上的剽窃行为表示了憎恶。为了表示出他自己的著作具有的最好的优势，他罗列了他所使用的那些材料的来源。然而，他非常挑剔地引用了其中的一些材料，因此，就他自己的原创性问题而言，还是留给了我们一些疑问。

在第八书的前言中，维特鲁威概述了四种元素的重要性，他尤其强调了水的超乎寻常的作用。这本书正是关于水这一主题的。在第九书的前言中，他强调了数学与几何学的重要性，并且勾画了一个宇宙的模型，这一宇宙模型又转换成了对钟表制造方法的一些实际指导。

在第十书的前言中，维特鲁威讨论了房屋估价与实际造价之间的关系，建议那些执业建筑师们应该在预估造价的基础上，增加25％的费用，这些超出的部分本来可能是不得不由他们自己掏腰包来填平补齐的部分。

对于建筑理论而言，维特鲁威断言说他的著作在文章结构与内容组织上是对称处理的。而事实上关于这一点，只是在一些与实际事务有关的情况下才是真实的。理论的追溯在第一书的开始部分加以表明以后，只是十分偶然地零散出现一些。

在第二书的第一章，维特鲁威提出了一个他自己的关于建筑之起源的理论，在他看来，建筑之产生的最基本动机是人们为了躲避风雨的侵蚀。他写道，第一座房屋，是对于自然构成物的一种模仿（例如由树叶构成的棚子、燕子的巢、洞穴等），因为"人生来就会模仿，而且无时无刻不在学习之中。"他断言，建筑是出现最早的艺术与科学，因而可以认为建筑是所有艺术中居于第一位的艺术。

顺理成章地，他提到了他所发明的"建筑的规则"。在发展了各种各样的房屋以后，人们"通过他们在研究中所观察到的模糊和不确定的现象"而渐渐悟到了"对称的规则"。维特鲁威并没有深入探讨这一思想，但是，这里所指的"规则"在很大程度上是由经验得出的，也正因为如此，才埋下了后来在17世纪末发生在法兰西科学院的有关"武断的美"的大争辩的种子。

与如上所指出的关于建筑规则的相对性相反，维特鲁威在这里将建筑规则归结到了他声称为绝对有效性的方面。在第四书的第一章，在一系列关于宇宙与行星的论述中，他将整个宇宙的形成描述为某种建筑设计过程，在这一过程中，宇宙的规则与建筑的规则明显是相互关联、相互印证的。这一观点后来成为他为建筑而创造的某些观念的一个基础，上帝被看作世界的建筑师（deus architectus mundi），而建筑师则是仅次于上帝的神（architectus secundus deus）。然而，维特鲁威自己却对这一概念没有得出一个结论，他也没有将这一概念整合成为一个体系。

在第一书的第一章，维特鲁威为我们描绘了一幅相当详细的专业建筑师的形象轮廓。建筑师必须是一位在工艺上和推理上都很在行的大师。这里的"推理"一词是一个由科学内容所限定了词义的概念。维特鲁威提出给予建筑师一个相当广泛的教育，这是基于建筑学是一门需要满足各种各样需求的实践性学科。

建筑师需要有很强的文字记述能力，"这可以使他运用笔记，从而使他的记忆更为可靠"；他也必须是一个熟练的绘图员，并且对几何了如指掌，这样才能绘制正确的透视画与平面图。关于光学规律的知识，对于恰当地运用光线也十分必要。算术知识对于造价的计算以及比例的推算是必需的。如果建筑师需要理解建筑的装饰及其内涵的意义，历史的知识也是必不可少的。哲学将在他的个人特性方面打上烙印。对于音乐的理解在将之应用于紧张的攻城机械方面或用于剧场建筑的建造方面，都是很需要的。医学的知识是在考虑到建筑物中的人的健康问题，或气候问题时所需要的。维特鲁威还进一步确定了有关建筑法规以及天文学方面的一些基础知识。

在维特鲁威看来，有一个长时间的关于科学与人文学方面的学校教育是建筑师训练的一个不可或缺的环节，这两者中的任何一个都能引导到建筑圣殿的顶点。

在第一书的第二章，维特鲁威提出并定义了建筑学的一些基本的美学原理。在这里，从理论的观点来看，包含了论文的核心内容。在这一章节中所包含的基本概念甚至可以囊括19世纪建筑理论方面的所有争论。因此，必须将这些概念作深入的思考。关于这一概念的主题，可以包括在整个推理问题的范围之内，这也就是关于建筑学的理智性理解。

建筑学，如维特鲁威在第三章中所声称的，必须满足三个基本的要求：坚固、实用、美观。坚固问题涉及静力学、构造及材料等领域。实用是关于建筑物的使用的，以确保建筑物有恰当的功能。美观包括了所有的美学要求，其中最重要的是比例问题。对于公共建筑而言，维特鲁威将如上所有考虑归结为如下的一些话：

这些（公用设施）必须按照如下方法建造，要计算它的长度、用途及看起来是否美观。长度选择的问题在基础下沉的情况下是会遇到的，因而对于建筑材料，无论是什么材料，都应该慎重地选择而不要试图计较费用；只有当建筑能够正确无误地矗立在那里以及当它们的布置是便捷的并且适合于任何特殊的条件时，才不会使它的使用问题变得复杂；当作品有一种优雅而令人愉悦的外表的时候以及当各个部分的相对比例用一种真正对称的方法加以推敲之后，建筑的美才会体现出来。

（1）"秩序"是关于一座建筑物之每一独立部分的更为详细的比例，是不同于与对称有关的建筑之总体比例的。后者是通过"数量"来实现的，对此，希腊人称之为"posotes"。"数量"是从建筑自身中运用了度量的单位。对于建筑之整体的和谐创造，是通过每一个个别的部分来实现的。

"秩序"是作为一座建筑物的整体及细部的构成比例的结果。这些比例是基于"数量"之上的，模数是从结构自身中发掘出来的（这一点预示了结构是通过一个基础的模数单位而布置的）。在这一点上，维特鲁威并没有解释清楚关于比例的理论。

（2）"布置"是适应部件的分布，建筑物之优雅的效果是通过"数量"来达到的。有各种类型的布置，这也就是希腊人所称之为"形式"的东西，即"底层平面"，"立面图"和"透视图"。"底层平面"是成功地使用矩尺与圆规，通过这两样东西，使建筑物的平面得以落在地基上。"立面图"表示了建筑物的前立面、按照规则所绘制的建筑物的外观以及建筑物所使用的结构的比例。"透视图"是指对建筑立面的描绘以及建筑侧面的收缩，所有的线汇聚在指北针的方向上（灭点上）。所有这三个方面都是从沉思和创作中来的。沉思是通过劳累与艰苦努力的付出，以使想象中的效果令人愉悦。创作是通过应用活的智慧解决困难问题，发现新的事物。这些就是布置所要达到的目标。

布置表达了建筑物的设计（在平面、立面与透视方面）及其施工，为此，"秩序"显然是一个必需的前提。而施工必须与"品质"同时推进，这是一个并没有给出任何进一步定义的概念。"沉思"和"创作"在画一张设计图的时候是需要的。

（3）"整齐"意指一种建筑的外观，这种外观的各个部分是按照一种令人愉悦与认可的方式组织其各种要素的。这种外观的实现是通过使建筑的高度与宽度的比例相适合，同时使其宽度与长度的比例也相适应，简言之，是使它们的所有部分都在一种均衡的相互关联中。

"整齐"是应用于建筑物中的比例的一个结果以及这种比例在观察者的眼中所产生的效果。这一概念或多或少与现代概念中的"和谐"有些关联。

（4）"均衡"是一座建筑物在各部分组合起来之后所产生的和谐感，这是与建筑物在按照一定的比例关系形成一个整体之后，相对于其各个局部的形式而言的。就如人的身体的整体从前臂、双脚、双手、手指以及其他部位都显示了一种均衡的品质一样。尤其是在那些献给神明的建筑物中，均衡的处理不仅是从柱子的厚度上，而且是从三竖线花纹装饰上，或者从模数上加以推敲的。

关于"均衡"，维特鲁威指出在一个总体的设计中，建筑之整体中的各个部分之间的和谐，就如被一个模数所度量着的一样，其术语对应于现代概念中的比例一词。

关于"秩序""整齐""均衡"的概念表达了美学现象的一些不同的方面。"秩序"可以被理解成是原理，"整齐"是由此原理而得出的结果，"均衡"则表现为最后的效果。

这样的划分仅仅限于一个有限的意义范围之内，而且可能引起概念上的混淆，在这一点上，维特鲁威自己也不可能逃避，在关于他个人的各种解释上，其实也一直存在着无止境的争论与误解。

（5）"得体"是关于建筑物应有一个正确的外观，是从一些被认可的构件，按照预先设定的方式组成，并按照如下的习惯方式实现的，这种方式在希腊叫作"thematismos"，或者是通过某种一般性的使用而实现，抑或是通过自然的方式实现的。当建筑物是为大神（光明之神）朱庇特，或是为上天，为太阳，为月亮而建的露天的形式时，习惯的方式就会得以遵守，这也是为了外观，或是为了我们能够在露天的自然光下亲眼看到众神的效果起见。多立克式的神庙是为智慧与工艺之神密涅瓦（Minerva）、战神玛尔斯（Mars）以及大力士赫尔克里斯（Hercules）而建造的。因为献给这些神的神殿，应该表现这些神明们男性的特征，因此没有装饰的建筑是适合的。而科林斯式风格的神庙将更适合那些诸如维纳斯神（Venus）、花神（Flora）、大神朱庇特的女儿冥后普西芬尼（Prosepina）以及属于春天的山林与水泽女神宁芙（Nymphs），因为这些建筑物具有更为细长的比例，并用花、枝叶与涡卷（volutes）等所装饰，这样似乎可以更适当地表现她们优雅妩媚的特征。爱奥尼式风格的建筑适合于大神朱庇特的妻子朱诺（Juno）、狩猎女神与月亮女神狄安娜（Diana）、酒神巴克斯（Bacchus）以及其他一些类似的神，因为这更适合于他们居中的位置，他们的性格，一方面应该避免多立克风格的严肃冷峻，另一方面应该避免科林斯风格的细腻柔媚。

"得体"涉及形式与内容的适当性问题，而不是关于修饰性问题的。柱式的使用就是在这样一个名义下进行的。对于特殊柱式的特殊性质的原因归结，揭示了建筑之外在符号后面的美学问题，这就是建筑的"象征性"问题。

（6）"经营"是对建筑材料与建筑工地的事先的管理，同时，也是对建筑物造价的经济性方面的细致认真的计算……而经营的第二个阶段，是为家族的头领们，为那些重要的富翁，抑或为那些如演说家一样尊贵的人建造重要建筑物的时候所达到的。城镇里的住宅显然是与那些在乡下用来收租金的房子不一样；放贷人或其他不同情趣的人，将需要不同种类的房子。因而，对于那些强有力的，其思想能够左右这个国家的人，建筑物必须与他们特殊的需求相适应。概而言之，建筑物的经营必须设计得适合它们的所有者。

只有这一定义的下半部分进入了有关"美"的分类中，而这一定义的上半部分，还只能是在"实用"的范畴下。在建筑物与使用者之间期待一个概念，这一概念将被提升到一个具有启迪性的地位，这就是建筑的"话语"，按照这一概念，建筑应该是它的功能的体现，或者是它的居住者的身份的体现。

维特鲁威的六个基本概念可以分为三组。

①"秩序""整齐""均衡"与和建筑物比例有关的各个方面有所关联。

②"经营"与艺术设计有关，为了实现这一点，"沉思"与"创作"是必需的。

③"得体"和"经营"是与柱式的恰当使用，与房屋和其居住者之间的恰当关系等有所关联。

维特鲁威将"比例"看作实现"秩序""整齐"和"均衡"的先决条件，但是在他引入这些概念时，并没有给出明确的定义。对于维特鲁威而言，比例不是一种美学概念，它仅仅是一种数字的关系，而不是其应用中引发的结果。维特鲁威关于比例问题的关键表述，包括在第三书第一章的目录中，在这一章里，他提出了神庙建筑的主题：神庙建筑的平面是基于均衡这一基础之上的，对于这一均衡性规则，建筑师们必须以一种富于耐心的精确性去顺应。

均衡是起源于比例的，在希腊语中"比例"被称作 analogia。比例是在当建筑物的所有部分以及建筑物本身作为一个整体，基于一个经过选择的部分，被看作一种量度的时候出现的。由此出发，均衡已被推算出来。

如果没有均衡与比例，也就没有一座神庙被理性地设计出来，除非一种情况，那就是在建筑物的各个部分之间存在着某种精确的关系，就如一个天衣无缝般完美的人体一样。

在这一段落中，建筑比例通过三种方式加以定义：第一，由各个部分彼此之间的关系确定；第二，对于所有的量度，以某个一般性的模数与其发生关联；第三，基于对于人体比例的分析。

这些定义埋下了关于比例概念的双重理解的种子，从而在维特鲁威之后极大地左右了有关建筑理论的种种争论：比例既是作为某种绝对数字之间的关系，同时比例还是从对人体关系的分析中衍生出来的——人体测量学比例。

紧接着，维特鲁威又为人体确定了一些基本的比例规则，这些规则是按照面部或鼻子的长度为依据的——三个鼻子的长度等于一个面部的长度——以此作为一个模数。他先是将这些人体测量比例应用在绘画与雕塑上，紧接着他说："同样，神庙的各个部分必须与整体之间有着完全和谐的比例，整体是各个部分的综合。"在随后的话语中，维特鲁威试图将人体与几何形式的方与圆加以综合，从而在人体、几何形体与数字之间找到某种联系。所谓"维特鲁威人"在这一段落中得以论述：

同样地，在人体上中心点自然是肚脐。如果一个人背朝下平躺下来，伸开双臂与双腿，以他的肚脐为圆心画一个圆，那么，他的手指和脚趾就恰好落在这个圆的圆周线上。也正如人体可以形成一个圆形一样，人体也可以形成一个正方形。因为，如果我们测量从脚底到头顶的高度，再以之与两臂伸开后两个指端的长度作比较，我们就会发现，两者之间恰好是相等的，就如同是用建筑工匠的矩尺绘制出来的正方形一样。

关于这一人体形象的图解说明，几乎在有关维特鲁威的评论中随处可见。我们将在后面的章节中做进一步的分析。

为了证实人体比例与数字之间的关系，维特鲁威声称所有的度量单位［英寸（指节）、手掌、英尺（脚）和腕尺（前臂）］都是从人体中衍生而来的，最后，也是最基本的，完美的数字"10""十进位体系"等，都是与人的10根手指相对应的（比较这一事实，即维特鲁威的书在数字上也恰好是10）。维特鲁威将数字"6"看作另外一个完美的数字。这两个完美数字之和，10加上6，创造出了如他所说的最完美的数字——16。

在这一章的结尾，维特鲁威做了如下的总结：

因而，如果我们赞成数字是从人体的各个部分中衍生出来的这一观点，那么就有一个相应的问题，即人体的各个部分与整个人体形式之间有着某种确定的比例关系。随之而来的问题是，我们必须知道我们在为不朽的神灵们建造神庙的时候所负有的责任，因而，我们会小心翼翼地按照比例与均衡的原则安排建筑物的每一局部，使之无论从各个独立的部分看还是从整体上看起来都能够达到和谐。

维特鲁威没有运用数字的价值给出一个有关比例问题的一般性理论。只是当他在描述有关神庙建筑的"类属"时，给出了一个具体的比例数字，这些比例数字在他将人体与柱式做类比时又一次进行了确认。例如，多立克柱式被假设为与男性的身体比例相关联，如男性人体的高度被认为是 6 英尺高，因而，多立克式柱子的高度，包括柱头，应当是柱身下部直径的 6 倍。与女性身体的比例相一致，他为爱奥尼柱式确定了 1∶8 的比例（同样以柱身下部的直径为准）。然而，应当说明的一点是，这两种柱式在后来的发展中都变得更加细长：多立克柱式为 1∶7，爱奥尼柱式为 1∶9。

必须说明的一点是，所谓"柱式"在维特鲁威的著作中并没有像在文艺复兴经典著作中那样重要的地位。在阿尔伯蒂的著述中，柱式的概念表达了一种系统性，从那时起，柱式被看成是与维特鲁威的"类属"相类似的东西。

在维特鲁威那里，比例具有从人体推衍而来的经验主义的价值，也就是说，比例并不具有绝对的价值。因此，在私家宅第建筑的比例关系推敲中，维特鲁威主张从调整视觉偏差的角度出发而背离这种比例规则。

在这种情况下，均衡的系统一直起着决定性的作用，各部分的尺寸是通过计算得出来的，因而，（建筑师）必须运用他自己的判断去为这一特定的场所提供一种特殊的解决之道，既在场地的应用上，也在外观的形式上，通过修正（调整），从而对其比例（均衡）做增加或减少的处理，使建筑物呈现出较为恰当的外部形体，其最终的结果是没有任何的缺失。

必须提到的是，在维特鲁威谈到有关个别建筑类型的时候，他没有特别提到他在第一书的第二章中所谈到的有关基础概念与美学原理方面的问题，这些概念与原理曾被维特鲁威声称是放之四海而皆准的。看来，他的概念结构似乎是分层次的；维特鲁威似乎觉得没有必要将他的标准应用到特殊的建筑物中，或是应用到建筑的类型划分上。因此，我们不能说在维特鲁威那里有一个统一的或系统的建筑理论，除非将之放在一个十分限定的意义范围之内。

维特鲁威对于有关建筑物的一些特殊方面以及对于当时已有建筑物的阐述，构成了他的这一珍贵论著的重要部分，不仅对于考古学具有特殊重要的意义，而且对于其后的建筑历史发展本身也具有非常重要的意义。从这部论著在文艺复兴时代被普遍接受为建筑学的神圣经典的那一刻起，他的论述已经为无数的建筑设计方案提供了指导，同时在一定程度上被人们所误解，并且对已经建造的建筑物施加了无尽的影响。

任何有关维特鲁威"体系"的描述都可能会大大地忽略了他在建筑物的实践方面所做的讨论，因而，有关他所提出的"建筑规则"不需要在这里做任何概括与总结。然而，所有那些在文艺复兴与巴洛克时代的论文中相关的讨论，却不能不放在维特鲁威的已有论述的背景上去观察与理解。在一些特殊的建筑案例中，甚至需要追溯到维特鲁威的文本本身。

钟表制作和机械制造，在维特鲁威看来不过是建筑理论领域的许多分支中的一种，到了文艺复兴时代却被看作是某种单一的类别。

二、维特鲁威理论对中世纪建筑理论的影响

维特鲁威在古代的影响是十分有限的。他在著述中所着力追求的为建筑学建立一套评价标准的勃勃雄心，在他所在的那个时代，并没有得到满足。其中的部分原因，是因为他的论文没有紧紧根据当时建筑的实际问题而展开，例如，有瓦的屋顶、拱形结构、多层结构等建筑技术问题；或者，至少是因为他只是轻描淡写地提到了这些问题，而没有做任何深究。维特鲁威在建筑实践方面，或者是在早期帝国时代的建筑思想方面，也没有造成什么影响，仅仅是老普林尼（Pliny 'the Elder', Gaius Plinius Secundus，23—79，罗马学者）在他的《自然史》（*Naturalis Historia*）的第 35 书与第 36 书中，将维特鲁威的著作列为他的参考资料的来源之一。然而，在这里也只是在谈及绘画着色以及石头分类的时候而偶然提起。在后期帝国时代，这部书被归在费雯蒂斯（Faventius）的《纲要》（*Compendium*）之中；并被帕拉蒂斯（Palladius）所借用，后来，又在西多纽斯·阿波力纳雷新（Sidonius Apollinaris，430—485）与元老院议员卡西奥多鲁斯（Cassiodorus Senator，490—583）的参考引文中偶然提及。然而，这些引文都是具有修辞色彩的文体，我们对维特鲁威的文本在古代社会的传播与影响情况几乎一无所知。

有据可查的对于维特鲁威的兴趣仅仅是从加洛林王朝（Carolingian）时代才开始的，然而，在中世纪盛期（High Middle Ages）维特鲁威就得以声名大振，到了文艺复兴时期，维特鲁威的声望则已是如日中天了，这一点是维特鲁威生前做梦也没有想到的。维特鲁威的论著所遭遇的如此特殊的命运，曾被这样表述："在艺术史上，恐怕还没有任何别的哪个具有如此系统化的文本，原本是将自己的目标锁定在自己所处的时代，结果却一无所获，而在其问世若干个世纪之后，竟然奇迹般地声名大噪。"

人们一直普遍认为，在最为重要的中世纪早期的百科全书——塞维利

亚的伊西多尔所著的《语源学》　（*Etymologiae of Isidore of Seville*，560—636）中，曾经引用了维特鲁威的著作。事实上，伊西多尔只是从马库斯·特伦蒂斯·瓦罗（Marcus Terentius Varro）的罗马百科全书中汲取了营养，特别是在古代遗物方面，而这部百科全书也曾被维特鲁威所使用，但是，只是应用了其中的一些零碎的片断。当一个人在19世纪的语源学著作中读到了伊西多尔有关建筑学基本原理的相关说明时，可以明显地感到他的那些论述几乎与维特鲁威的著作之间没有什么关联。

伊西多尔提出了组成建筑物的三个要素："一个建筑物应该由三个部分组成：'布置''构造'和'装饰'。"伊西多尔关于"布置"与"装饰"的定义，足以说明他与维特鲁威之间的不同："'布置'是对一个建设场地，或对建筑物的基础及楼层所进行的通盘考虑。""'装饰'则是为了美化或修饰而附加在建筑物之上的东西。"伊西多尔所使用的概念，很显然是与维特鲁威所定义的内容之间彼此不相干的。

在《语源学》的第十五书中，伊西多尔谈到了建筑学与测量的问题，其中我们没有发现他引用了维特鲁威的论述的痕迹。有无以数计的有关古代建筑的资料，其中的大多数都是以某种被人误解的形式而展现在世人面前。有一点特别令人感兴趣的是，有关五种柱式的概念，似乎也被伊西多尔所熟知。下面是他的论述中有关柱式的一个典型的段落：

柱子，人们这样称呼它们是因为它们高挑而圆润，承托着整座建筑物的重量。旧有的柱子比例一般是按照宽度为高度的三分之一而设置的。有四种圆形断面的柱子形式：多立克式、爱奥尼式、塔斯干式与科林斯式，这几种柱子在高度与直径上彼此各不相同。第五种柱子称为爱提克式（Attic），这是一种方形或方而略宽的柱子形式，是由砖垛形成的墩形柱子。

拉巴努斯·马鲁斯（Hrabanus Maums，780—856）一直被公认为是中世纪熟知维特鲁威著作的有力证明，而我们从他的著作《世界全书》第22卷（*De universo libri*）中所引的一句话："建筑由三部分组成：布置、构造、装饰"却明显地可以看出更多的是依赖了塞维利亚的伊西多尔的论述观点。

有关加洛林时代维特鲁威的学说已广为应用的说法，很可能是被夸张了。从爱因哈特（Einhart）给他的学生乌辛（Vussin）的一封信中，提到了维特鲁威，不过在这封信中仅仅是着眼于纯语言学方面的兴趣。爱因哈特对维特鲁威所说的"verba et nomina obscura"感到费解，不过，他建议乌辛去参考维吉尔（Virgil，古罗马诗人，公元前70—前19）所用的"透视画法"一词的意思去理解。在这里我们没有理由来推断，他曾涉及了有关维特鲁威的建筑理论问题。

我们可以推测的是，对爱因哈特来说，可能用到维特鲁威的思想的地方，倒是他建造在德国施泰因巴赫（Steinbach）和塞利根施塔特（Seligenstadt）的巴西利卡式的建筑物。而现在尚存的加洛林时代有关维特鲁威著作的手抄本的数量几如凤毛麟角，而那一时代的有关维特鲁威的注释文字也没有任何记载。然而，值得注意的是，在 9 世纪或 10 世纪时的维特鲁威著作的手抄本中，包括了一些图片资料，其中显示出与维特鲁威有关建筑学方面的实际论述相关联的迹象［法国塞莱斯塔的维特鲁威抄本（Vitruvius Codex in Sélestat）］。

然而，在这些图片资料中，没有显示出与维特鲁威的文本中倾向于放入的插图相关的内容，他最初文本中所附的图片早已散失殆尽。但是，其中却包含了与柱式有关的内容，而图片中的说明性文字则是经过简化了的维特鲁威文本中的段落。事实上，这些图片既没有反映出古典建筑学的知识，似乎与当时建筑学的知识之间也没有多少联系，它们可能属于那种"处在书本中的建筑与实际传播中的建筑的古典主义的古代遗迹之间的没有人参与的地带之中"。维特鲁威关于人体比例的有关内容（Vitruvius）是经过了充分阐释的，这一点十分值得注意。然而，"维特鲁威人"却没有得到详细的描述。执事者彼得（Peter the Deacon，生于 1107 年）为维特鲁威的论文做了一个摘录，其中选用了与塞莱斯塔的维特鲁威抄本中相同的有关人体比例的段落。

最近的一个令人信服的推论说明，这些图版的最初草本是由查理曼大帝［Charlemagne，742—814，世称查尔斯大帝或查尔斯一世（Charles the Great or Charles I），768～814 年为法兰克王，800～814 年为西罗马帝国皇帝］在亚琛（Aachen）的宫廷内臣绘制出来的，而塞莱斯塔的维特鲁威抄本中的图版则是由爱因哈特自己绘制的，同时，图中所绘的爱奥尼柱式与在德国洛尔施（Lorsch）门房上壁柱的柱头之间的相似性也能证明这一点。

维特鲁威在奥托（Ottonian）时代建筑中的影响，似乎已经由在希尔德斯海姆（Hildesheim）的圣米歇尔修道院（San Michele）的例子中得以证明。在大英博物馆中现存最早的维特鲁威的抄本可以追溯到戈得兰姆斯（Goderammus），他是在科隆的圣潘塔列昂修道院的副院长（Prior of St. Pantaleon），同时也是由希尔德斯海姆大主教波恩华特（Bemward，1022 年去世）在 996 年所任命的圣米歇尔修道院的第一任院长。

如果说波恩华特的确在圣米歇尔修道院的规划中起到了十分突出的作用，并且以他个人的学术倾向而留下了他自己誊写的手抄本，波依提乌与戈得兰姆斯的《数学手册》（Liber Mathematicalis of Boethius，藏希尔德斯海姆主教堂宝藏室），同时，维特鲁威的书也曾作为（修道院）设计的基础（修道院的建设始于 1001 年），那么，这也将是运用维特鲁威的思想而实际建造起来的，并彻底贯彻了维特鲁威建筑思想的唯一的实例。

（一）中世纪之前的建筑注释本

在讨论盛期中世纪（High Middle Ages）西方建筑学著作之前，我们应该提到一种有关建筑注释的文学形式，这种形式很可能是从与绘画有关的希腊与罗马原型〔如弗拉维斯·约瑟夫（Flavius Josephus）、斯塔蒂斯（Statius），小普林尼（Pliny the Younger），卢奇安（Lucian）〕中培育出来的，这一文学形式在查士丁尼时代达到了鼎盛期，其代表作品是《读画诗》（*ekphrasis*）。

从拜占庭的《读画诗》（*ekphrasis*）的丰富遗存中，我们有充分的理由举出建于君士坦丁堡的著名的圣索菲亚大教堂。这座最初建造于 4～5 世纪的建筑物，一度毁于尼卡起义（Nika Insurrection，发生于 532 年）的战火，随后，特拉勒斯的安提缪斯（Anthemios of Tralles）与米利都的伊西多尔（Isidoros of Miletus）在 532～537 年间所重建的新建筑，取代了原有的建筑。不过，557 年 12 月发生了一场大地震，在地震后的第二年造成了穹顶的坍塌。562 年又用了一个加了拱肋的穹隆取而代之，并于 562 年的 12 月 24 日重新举行了开光（献祭）仪式。这座建筑物的重建工作及其部分重新修补的工程，都是在查士丁尼时代（527—565）完成的。

因此，很自然地成为《读画诗》中的专门论题，这一部分内容可以说是熠熠生辉，不仅对我们的建筑史研究助益匪浅，而且对于我们了解那一时代的建筑美学也获益良多。

6 世纪时来自凯撒里（Caesarea）的律师兼历史学家普罗考比乌斯（Procopius），一位与查士丁尼同时代的人，完成了一部对于了解查士丁尼皇帝的建筑活动颇有助益的书，书的名称为《广厦林立》（*Buildings*）。这部书的内容广泛，其时间的覆盖面一直到了查士丁尼统治的结束时期。这部书透着对查士丁尼的阿谀奉承，恰如维特鲁威的文章对奥古斯都所用的口吻一样：作者的直接目标是保证查士丁尼能够被后世子孙奉为一个"建筑家"。从君士坦丁堡开始，普罗考比乌斯列举了查士丁尼在他的帝国范围内所进行的所有建筑成就。

普罗考比乌斯详细记录了皇帝在这项工程中实际所起的作用，特别是他任命了两位杰出的人物：特拉勒斯的安提缪斯与米利都的伊西多尔，他还特别强调了在设计与施工过程中，两位人物所起到的重要的作用。安提缪斯被描述为一个建筑设计师。尽管这部书中充满了溢美之词，普罗考比乌斯表达了一个十分清晰的观念，在这一观念中，建筑的描述与美学的追求合而为一。他对建筑的观察表现了他所具有的开阔视野，例如，他在描绘圣索菲亚大教堂所处的城市背景时写道：

不言而喻的是，这座教堂为我们提供了最为令人赏心悦目的宏伟景观：它高耸入云，如鹤立鸡群一般孑然屹立于周围环绕的建筑群中，从半空处俯瞰着整座城市；它既装点着城市，因为它本身就是城市的一个组成部分；同时，又怡然自得地向人们显露着它的美丽，它的那些高塔直插云空，站在上面的人们可以远距离地俯瞰脚下的这座城市。这座宏伟建筑已经远远超出了它所具有的礼拜仪式性的功能。

普罗考比乌斯将比例平衡问题从建筑的平面与体量之中提取出来，既没有任何夸大，也没有任何遗漏，形成了一个几乎与后来的阿尔伯蒂全然相同的论点。按照他的说法，这个论点就是：比例问题比单纯的建筑尺寸问题更能体现建筑物的特性与差别。关于中央穹隆的飘浮的效果以及天光的泻入等问题，他都做了详细的描述。此外，有关建筑物的欣赏者所起的作用，也是一个无论从整体的角度，还是从细部的角度上来说，都是十分令人着迷的问题，对于这样一个问题，他做了如下的分析：

所有这些要素在高空中奇迹般地组合在一起，它们悬浮在半空中，只是靠彼此最临近的构件支撑着，从而赋予了整座建筑以单纯的最不同寻常的和谐感；更为绝妙的是，人们的眼光几乎不能在这些要素的细节上逗留太久，因为人们很快会被那些建筑要素所表现出来的悠闲与自如所吸引。

普罗考比乌斯用同样的语气描述了有关建筑装饰以及礼拜仪式的功能，从而将这座庞大的建筑物的画面呈现在读者的面前。他的记述的结束部分，是一些有关皇帝如何在这座建筑建造过程的关键时刻驾临现场指点迷津的奇闻轶事。

在这座建筑于 563 年 1 月初举行重新开光（献祭）仪式的几天之后，沉默者保罗（Paul the Silentiary）所写的一首有关圣索菲亚教堂的赞美诗开始在人们中间传颂。而在描绘这座建筑在视觉上的灿烂夺目以及装饰上的优美动人方面，沉默者保罗似乎比普罗考比乌斯走得更远。他列举了建筑中所用的种种不同的大理石类型，并说出了这些大理石的产地，他以生动的语气描绘了在夜幕降临的一刹那，那光影的离奇变幻。作为一个诗人，他几乎是在情不自禁地笔下生花，但是，一个现代读者，通过某种对于圣索菲亚教堂的富于当代意蕴的文化揣摩与实际体验，却能够从他的诗中获得一种与审美观念密切关联的缜密思想。

查士丁尼时代的拜占庭的《读画诗》（*Ekphrases*）所显示的对于古代世界的某种富于情感的联系，仅仅体现在文学形式上，而并没有在建筑的理念上有所表达。然而，这并不是偶然的，因为拜占庭建筑是在查士丁尼时代才开始形成的，换句话说，正是在他的统治下，"第一个中世纪的建筑体系"才被创造出来。

还有一个与圣索菲亚大教堂的这些描述相关联的建筑模仿性问题，这一问题在圣索菲亚教堂中第一次变得明朗，然而，尽管对于它的完整范围我们至今不能轻易做出一个准确的判断，这却成为贯穿整个中世纪、反宗教改革时期（Counter-Reformation）和巴洛克时期的一个最为重要的建筑观念。这就是对于人们对如《旧约·圣经》所记载的耶路撒冷的所罗门圣殿的模仿。在 537 年为圣索菲亚教堂举行的献祭仪式中，查士丁尼曾经声称："所罗门，我已经超过了你！"然而，这一说法并不是从《读画诗》中来的，而是源自另外的文献记载。

最近的研究证明，查士丁尼的圣索菲亚大教堂是将其第一个穹隆顶，在平面与高度的量度上，对应于所罗门圣殿的传统比例，其比例是 3:1 和 1:1.5。然而，圣索菲亚教堂与所罗门圣殿在外观上的巨大差异，却并不是一件令人惊奇的事情，这是由于中世纪的模仿概念的抽象性特征所致。对于再现所罗门圣殿的外观的努力，并将之付诸其所处时代的建筑设计中，则是从反宗教改革时期才开始的。

涉及建筑问题的一系列有关盛期中世纪的西方著作，都将焦点集中在一些个别建筑上。这些著作中除了个别建筑问题之外，还会有一些有关建筑学本身的议论，我们也将举出其中最为重要的几个例子加以分析。

由意大利奥斯蒂亚的列奥（Leo of Ostia，约 1046—1115）开始写的有关位于蒙特卡夏诺（Montecassino）的本尼迪克修道院历史的第三部书详细记载了由修道院院长德西迪里厄斯（Desiderius）主持修造的建筑物。这一重建与装饰工程提供了具有深远艺术意义的相关证明。这位修道院长亲自到罗马去购买大理石。建筑物是从 1066 年开始建造的，而且，"从一开始就是由技术最为娴熟的工匠们全力参与的"；在建设还在进行中的时候，为了复兴在西方已经被遗忘了 500 多年的镶嵌艺术，修道院长雇用了来自君士坦丁堡的马赛克镶嵌艺术家。他要求年轻的修士们参加艺术培训。在相关的编年记载中，附带了一个关于这座建筑的详细记录，甚至还附有尺寸的标注。在建造者的心目中，无论是有关建筑物的，还是有关建筑装饰的概念的统一，都是十分明确的，尽管从事这两项工作的艺术家的背景全然不同。

由圣丹尼斯修道院的院长絮热（Suger of Saint-Denis，1081—1151）所写的文章，可以列入那些最令人惊奇的有关建筑学的中世纪话语之中，我们几乎不能为他找到任何理论上的先驱者，甚至连维特鲁威也不能算作他的理论前辈。在他看来，每一建筑物的创造过程及其创造者，无论从历史的角度，还是从实质性的角度来说，都是独一无二的。

这一现象被解释为护教学与作者个人的虚无主义思想的一个混合体。絮热解释说圣丹尼斯修道院教堂的局部重建（1140—1144）是为了满足在瞻礼日对于更多空间的需求。

他在谈到他自己"关注建筑的新旧部分的一致与协调"（de convenientia cohaerentia antiqui et novi operis soilicitus）的时候没有谈到建筑的平面是怎样设计出来的，也没有提到主持工程的匠师的名字。絮热只是偶然说起，就好像这原本是不言而喻的，即那手建的歌坛的12根柱子，代表了12使徒，与当时广泛流行的偶像学传统相一致。在工程进行过程中遇到材料与人力的困难时，絮热总是不断地运用宗教的神力参与其中，因而，在整座建筑的建造过程中以及他的个性特征中环绕着一种超自然的神秘氛围。

絮热特别热心于用精美雅致的礼拜仪式器具装点他的教堂，而且，在这样做的时候，他也并不掩饰他试图与君士坦丁堡的圣索菲亚教堂的室内布置分庭抗礼的内心期待。他还面对了想象中的责备：使用贵重的材料使材料自身无所适从。这一责备来自奥维德（Ovid）的话："让作品超越材料"（materiam superabat opus）。他运用娴熟的神学诡辩，向人们辩解说：（在建筑中使用）精石美玉将会起到"类似于"沉思默想的作用。

絮热的文章很可能是从拜占庭的《读画诗》中获得了灵感，但是，他的这些文字被归类到了纪念性文章之列，类似的文章中还有修道士杰瓦士（Gervase）有关坎特伯雷大教堂重建工程的论文，也是一个典型的例子。

这篇标题为"坎特伯雷修道士杰瓦士论坎特伯雷大教堂的火灾与修建"（Gervasii Cantuariensis tractatus de combustione et reparatione Cantuariensis ecclesiae）的论文，在19世纪中叶时，曾被誉为有关"中世纪建筑史的最重要文献"。我们对论文的作者，这位坎特伯雷大教堂的修道士杰瓦士（Gervase，约1141—1210）知之甚少。当我们将他的论文与絮热的文章加以比较的时候，我们发现他对建筑术语的精确运用以及他对建筑学美学标准的确立，使得他的文章以我们今天建筑史的标准来看表现出非同寻常的"现代"。在1174年坎特伯雷大教堂被大火焚毁之后，法兰西与英格兰的建筑师们曾经为究竟是重修这座旧教堂，还是毋宁重建一座全新的大教堂而进行过探讨与磋商，最后，"最灵巧的艺术家"，法国桑斯的威廉（William of Sens）被委任为这座新教堂建设工程的直接主持人。

杰瓦士，由于他更了解原有的建筑，在着手这座新建筑的设计与建造之前，对老教堂建筑做了一个十分详细的记录与描述（1174—1185）。对于两座建筑物的比较分析，是基于一些特殊的建筑特征之上的，尽管有这

样一个预设的条件，我们仍然能够得到一个比较确定的印象：作者的审美
情感，更多的是倾注于新建筑的。下面我们可以引用他在比较分析中所说
的几句话：

"不过，我们现在必须对两座建筑作品的不同之点慎加说明。新教堂
建筑与老教堂建筑的墩座的形状是一样的，它们的厚度也彼此相同，但是
两者的长度却不相同。就是说，新建筑的墩座比老建筑的要长 12 英尺。老
建筑的柱头是素平的，而新建筑的柱头则经过了精细的雕琢……在那里
（老建筑中），在墩座上加了一道墙，将教堂十字平面的两翼空间与中间的
歌坛隔离开来，而在这里（新建筑中）没有任何的隔墙，歌坛与十字形的
两翼，彼此交会在大穹隆中央的拱心石上，形成一个完整的空间，大穹隆
顶则落在四个主墩座上……"

在絮热的文章中，对是谁主持这一工程，建筑又是由谁设计的等问题
不做明确的区分，与这一情况相反，在杰瓦士这里，仅仅经过了几十年的
时间，我们已经可以清楚地感觉到建筑师在技术与审美能力上的觉醒，作
者对于建筑师所起的作用做了阐释。在杰瓦士对新旧教堂建筑的比较中，
很可能会反映出他与桑斯的威廉以及与威廉的继任者——英国人威廉
（William the Englishman）之间，彼此对话的内容。我们可以感觉得到，
杰瓦士的文章是我们了解早期哥特建筑师的最为直接的文字材料。

一些有关维特鲁威的知识，是非直接地流露出来的，在由神秘的希尔
德加德·冯·宾根（Hildegard von Bingen，1098—1179）所写的《一本关
于一个朴素的人的神圣工作的书》（*Liber divinorum simplicis hominis*）
中，从他的有关人体的描述中显露了出来。很明显的是，文本中所谈到的
"维特鲁威人"为作者所熟知："一个人的高度等于他在胸前张开两臂与双
手时的宽度。"因此，人的形体被解释为宇宙的镜像，希尔德戈继续说：
"就如同天穹的高度与宽度相等一样……"此外，对人的脸部的三重划分，
也暗示了与维特鲁威有关的知识。

克雷莫纳（Cremona）地区主教西卡德斯（Sicardus，死于 1215 年）
在他的有关教堂建筑与礼仪功能的文章《礼仪，教堂的职责综述》
（Mitrale, sive de officiis ecclesiasticis summa）中，对于教堂建筑物及其
各种构件给予了象征性的解释，这是对建筑学进行神学解释的一篇典型文
章，其中乏于有关建筑学或美学的思想表述。教堂建筑的形式起源被追溯
到了圣经中约柜的造型（Ark of the Covenant）以及所罗门圣殿的形式，
并分别代表了战斗的教会（ecclesia militans）与胜利的教会（ecclesia tri-
umphans）的象征。

基岩部分象征了基督，其上是建筑的基础，象征了圣使徒与众先知。

从房屋的入口到屋顶的盖瓦，每一种建筑元素都被解释为教会世界（ecclesia universalis）的一个对应组成部分。教堂建筑物成为教会中的现实组成者们的一面秩序化与功能化了的镜子。这样一种偶像学的描述方式，在中世纪文学中是经常出现的，并且具有极其重要的意义。但是，在这里建筑的象征性，远比建筑审美与建筑理论要突出得多，关于这一方面的讨论，我们在这里不做进一步的展开。

（二）古建筑神学思想

有关经院哲学作为对建筑学的科学与神学理解的前提的重要性，在 13 世纪时是一件常常被强调的事情。在当时的宇宙解释中，几何与算术被赋予了一种特殊的作用。关于数字在宇宙秩序的原理中的重要性，在古代的毕达哥拉斯哲学、柏拉图哲学及新柏拉图哲学中，早已得到了详细的阐释。圣奥古斯丁（Saint Augustine）在他的论文《音乐论》（De musica）中沿袭了这样一个传统，在这篇文章中，他证明了音乐和谐与数学规则之间的一致性。在圣奥古斯丁看来，音乐与建筑是姊妹艺术，两者都立基于数字之上，而这也构成了美学完美性的源泉。在《主观的自由》（De libero arbitrio）一文中，圣奥古斯丁甚至将造型形式归结为数字的结果："它们具有形式，因为它们具有数字"（formas habent quia numeros habent）。通过圣奥古斯丁和波依提乌（Boethius），他进一步发展了这一理论，一种基于数字比的美学体系使中世纪的美学思想具有了一种约束力。

自 12 世纪的第二个 25 年以来，数学与几何成为法国夏特尔（Chartres）的神学理解中的基本原理。夏特尔的蒂埃里（Thierry of Chartres）通过等边三角形的几何证明，来解释三位一体的神秘性。上帝与上帝之子的关系，被解释成一个正方形。对夏特尔的神学家们来说，宇宙是一个建筑作品，而上帝自身就是创作这一伟大作品的建筑师，数学比率与宇宙的结构以及音乐、建筑之间具有一种相互统一的关系。

西多修会的诗人哲学家阿拉努斯·艾伯·因苏里斯（Alanus ab Insulis，约 1120—1202），具有与夏特尔学派（Chartres school）十分相近的思想，他将上帝描述为"宇宙的最高建筑师"（mundi elegans architectus），和"宇宙艺术家"（universalis artifex），正是上帝建造了"宇宙宫殿"（palatium mundiale）。上帝是世界的建造者的思想也以一种图式偶像的形式而广为传播。哥特教堂就是作为"中世纪世界的模型"来建造的。

这样一种哲学与神学思想，为中世纪砖石房屋的几何性特征提供了一种学理基础，尽管有关这一题目的论著已经足够详细了，但是关于这一问题的性质及其覆盖范围至今仍不够清晰。

第二节 从中世纪发展来的近代建筑理论思潮

我们应该注意到,在盛期中世纪的百科全书——(法国)博韦的文森特(Vincent de Beauvais,约 1190—1264)所写的《巨镜》(*Speculum majus*)中,建筑学在其中居于最为重要的位置。建筑学在《论镜》(*Speculum doctrinale*)的第二书的相关讨论中,被归在了"结构艺术"(artibus mechanicis)之中。

有关建筑学的论述被编辑成章节,部分是从维特鲁威的著作中逐字逐句摘录的,部分则是从塞维利亚的伊西多尔所著的古代晚期的百科全书中引用的。在这里有关维特鲁威的建筑要素的重新发现,是一个有关维特鲁威著作文本方面知识的证明,但并不涉及与他的建筑理论方面的知识。这也验证了维特鲁威在 13 世纪时的影响范围。因而,维特鲁威在盛期中世纪的重要性,显然被过高地估计了。无论如何,这本唯一尚存的与中世纪砖石建筑有关的书,是否如人们所假设的预示了维特鲁威的真实知识,仍然是一个令人存疑的问题。

一、中世纪建筑学研究代表人物及其理论

(一) 维拉德·德·赫纳克特

从严格意义上讲,维拉德·德·赫纳克特(Villard de Honnecourt,大致活跃于 1225~1250 年间)的建筑手册,是盛期中世纪专门围绕建筑学问题,并具有说教目的的唯一一部手抄本书籍。这本书一开始是这位曾经到过许多地方旅行的建筑师维拉德·德·赫纳克特的绘图范本,后来在他的手中被加以修订,并经他的两位后继者进行完善,渐渐成为一部有关建筑传统的具体文本。然而,非常特殊的是,这本书的编辑很不系统,因而也以一种很不完整的形式在世上流传。

他对于有关建筑师教育方面的要求,与维特鲁威一样几乎是包罗万象的。维拉德既学过大学三学科(trivium),也学过四学科(quadrivium),不过,这仍然误导了人们将维拉德称为"哥特时代的维特鲁威"。

应该强调的一点是,维拉德这本有关建筑的书没有相应的文学先例,这本书更像是附加在素描草图之后的一个记录性文本。只是在建筑的几何剖面图上,在图形与文字之间,显不出某种相互对应的关系而已,这种剖

面图可能也是源于罗马的传统，并被称为所谓的"几何测绘文稿"（gro-matici veteres）。

（二）汉斯·R. 哈恩罗斯

汉斯·R. 哈恩罗斯（Hans R. Hahnloser）在他的有关维拉德的建筑手册的评论性出版物中，将其附图与文字减少到 7 个部分：建筑画；应用建筑学；砖石工与几何学；木工与木构架；人体形式；动物表现法；制图术（portraiture）。在他的建筑画中，维拉德为人们提供了一个可以理解的建造程序，直到一整座教堂建筑中的所有构件都被表现出来，包括平面与立面以及从底到顶的细节描述，唯一没有显示的表达方法是等距画法与剖面图。

虽然在这里为了表现与人和动物有关的形式而应用了几何的体系，有一点必须说明的是，同古代具有均衡特征的图形相反，目前我们面对的这些图形，并不是对有机形式测量后得出的精髓，而是自己绘制出来的几何图形（正方形、圆形、三角形以及五边形）映射在有机形式之上。对于诸如三角形之类形体的解释，显示了轮廓和运动的方向等，却忽略了形体的可塑性以及它的边角之间的相互关系。

一种可能是通过拜占庭而流传下来的，对于古代传统的反映形式，在通过以鼻子的长度对人的面部进行的划分中依然可以看到，但是在这里，几何的形式已经独立于头部的形式之外而存在。如欧文·帕诺夫斯基（Erwin Panofsky）所证明的，这种将几何的网格应用于有机的形体之上的做法被实际运用着。在兰斯大教堂（Rheims Cathedral）粗糙的当代彩色玻璃窗中，几何形网格与维拉德的一个头部形象恰相吻合。令人感到奇怪的是，这样一个与建筑学相关的几何形布置方式的应用，仅仅是在一个门房的屋顶上以及一座西多修会的教堂平面中被发现，在这一平面图中有这样的话："这是一个纵向的教堂，是专为西多修会的修道院规则而设计的。"

事实上，这个平面完全是从用作模数的教堂内侧廊的一个开间发展而来的。而所有那些建筑立面也仅仅为某种建筑理论提供了一些有限的支持，即中世纪所建造的建筑物的平面与立面，是通过一些数量不多的几何规则发展而来的。

中世纪的房屋、房屋建造的规则以及所谓房屋建造的秘密，其实在现代的房屋结构与构造体系中不过是区区一角。与这一领域相关联的大量历史资料，都与中世纪共济会思想与浪漫主义思想有关，他们（共济会与浪漫主义者）通过对过去的比照解释来为自己的思想找到某种依据。而解开这样一些历史解说的谜团，追溯哥特功能主义美学和"有机"结构思想

［维奥莱－勒－迪克（Viollet－le－Duc）］，或回顾社会乌托邦主义［拉斯金（Ruskin）］以及找寻几乎无所不在的几何性建筑规则的神秘根源，这些还都没有一个结果。

哥特时期的砖石房屋及其"秘密"，大部分都已丧失其神秘性，这些"秘密"或许从来没有比并非理性的那些数字比例的几何表达具有更多的内容。那些有关"度量与数字"的规则，在对其来源进行了审慎的检查之后，也被证明没有比对一个实际建筑工程给出一个数学与几何知识方面的说明和应用，而包含更多的内容。

对在设计方法中应用四学科和大学三学科的情况，直到 14 世纪后期，仍然没有什么相关记录。15 世纪后期与 16 世纪的一系列有关砖石工匠的书籍，部分是手抄本，部分是印刷本，其中包含了一些房屋建造实践方面的概念，但却没有被涵盖在建筑理论史的范围之内。虽然如此，我们仍将简单地触及这些书籍文献中最为重要的部分，因为其中包含了哥特时期砖石工匠的传统，只是在相对比较晚的时间才明确地写入书中的。

二、中世纪建筑理论著作

最早的那些草图本，似乎是从 15 世纪中叶以来的未发表的范例手册，现在藏于维也纳国家图书馆。除了一些房屋建造规则外，其中还包括了一些涉及多样范围建筑物的技术性论文，甚至包括一些纯实用性的构筑物，如桥梁、水坝等。

德国格明德的汉斯·霍斯奇的小册子《德国几何学》（*Geometria Deutsch*），写于 15 世纪的最后几十年，是为艺术家们所使用的，用了 9 个标题的内容，为各种几何形象的构造方式提供了一些指导性意见。

（一）15 世纪前期

在 1468 年出现了第一部印刷出版的有关砖石建筑方面的书，它的作者是德国雷根斯堡（Regensburg）地区教堂建筑师马特豪斯·罗力泽。书名是《正确的塔尖营造手册》。在这本小册子中，作者以"在几何的基础上"，并通过一些比较复杂的以方求圆的方法，向人们介绍了哥特式风格的塔尖建造的几何设计法。

大约 1 至 2 年后，罗力泽又发表了他的《德国几何学》，用了与霍斯奇相类似的笔法与思路，向人们介绍几何形象的构造方式。同时期出现了一部由纽伦堡（Nuremberg）的汉斯·舒姆特梅耶（Hans Schmuttermaer-mayer）所写的《尖塔教则》的有关砖石建筑方面的书，现在尚存的仅有两本 16 世纪后期的手抄本，这也是为一些大致相同的建筑要素提供相关几何原理的书籍。

1516 年的一本由劳仑兹·莱切尔（Lorenz Lacher）所写的文本，是专为他的儿子默里兹（Moritz）所写的"指南"性小册子。莱切尔的书比罗力泽与舒姆特梅耶的塔尖营造手册相对要容易理解一些。这本书是从一个歌坛的设计开始，涉及一座教堂建筑的各个组成部分。正如他的前辈在塔尖的设计建造中所介绍过的方法一样，他也在整座建筑中使用了方与圆的体系；同时，他还要求"从开始到结束，都需要有精密而准确的测量"，以作为设计的先决条件。

除了这些与纪念性大建筑物有关的砖石匠师方面的书籍外，也出现了一些与装饰有关的特殊的手册，如由老汉斯·波林哥（Hans Boeblinger the Elder，约 1412—1482）所写的有关树叶、花瓣形式的手册（1435 年），现藏于慕尼黑的巴伐利亚国家博物馆。令人感到惊奇的是，所有这些 15 世纪的手册性书籍，都出现于德国南部地区。然而，这些后期哥特时期的砖石建筑书籍，是否曾为 13 世纪的设计与思想提供了什么方法的证据，仍然是一件令人存疑的事情。

无论如何，这些砖石匠人手册为我们展示了一个古老的传统，或许也保留了某种具有地方色彩的思想范式，而这是一种完全没有被当时在意大利刚刚兴起的一股新的建筑实践和理论潮流所影响的建筑思想范式。

在转入早期文艺复兴的建筑历史之前，我们必须回到关于维特鲁威思想传播方面的问题上来。在意大利，维特鲁威在盛期中世纪时期所起的作用显然是微不足道的。最早对他的论文产生兴趣的是早期人文主义者彼特拉克（Petrarch，1304—1374）和薄伽丘（Boccaccio，1313—1375）。在牛津大学所藏的 14 世纪的一本维特鲁威著作的手抄本上，有彼特拉克所做的页边注记，据推测，彼特拉克在为教皇在阿维尼翁（Evington）的宫殿重建工作中，曾经参考过维特鲁威的著作。

从 14 世纪中叶开始，在早期意大利人文主义者中，维特鲁威已经渐渐为人所熟知，因而，一个由人文主义者波焦·布拉乔利尼（Poggio Bracci-olini）在卡西诺山（Montecassino）"发现"一份维特鲁威的手稿的传说也变得不再那么令人信服。因为布拉乔利尼在 1414 年时，曾经生活在康斯坦茨（Constance），但唯一可能"发现"这本哈利奴斯的经典之书（Codex Harleianus）的地点是在圣加伦（St Gallen），因为在 1416 年以前，那里一直藏有这本书。因此可以说，在整个中世纪时代，维特鲁威著作的传播并没有中断过。

（二）15 世纪中期

15 世纪时，有关维特鲁威的知识得到了相当广泛的传播，因为这一时期有相当多的手抄本已经被人们所熟知。我们从各种来源中可以得知，维特鲁威的著作这时已经不仅被人们作为古代文献或文学作品而传阅，而且人们也为许多具体的建筑问题而从其中寻找答案。因此，安东尼奥·皮卡德利（Antonio Beccadelli）在他有关阿拉贡地区的阿方索（Alfonso of Arago）的传记中，曾谈到了阿方索在为那不勒斯的新堡（Castelnuovo）重建（1442—1443 年）而工作时，曾"为了建筑的艺术性而派人去找维特鲁威的书"。

罗马教皇庇护二世（Enea Silvio Piccolomini）在他的《手记》（Commentarii）中曾经谈到了维特鲁威的名字，并与皮恩扎（Pienza，1459—1464）的建筑相联系。如洛伦佐·吉伯蒂（Lorenzo Ghiberti）的《笔记》（Commentarii）中所显示的，在 15 世纪上半叶，除了建筑师以外的其他艺术家们也开始阅读维特鲁威的著作。

很显然的是，吉伯蒂自己有一本中世纪手抄本的维特鲁威著作，他曾经部分地翻译了这本书，这或许与他计划中的一篇建筑学方面的论文有所关联，但是，那篇论文他却从来没有真正完成过。他所翻译的维特鲁威著作，似乎成为伯纳克索·吉伯蒂（Buonaccorso Ghiberti，1451—1516）的另外一个译本的基础，这个曾经被作为范本的译本中的一些插图，在洛伦佐·吉伯蒂的手抄本维特鲁威著作中被发现，而这一抄本的源头似乎又可以追溯到加洛林王朝时期。

然而，这个译本却从来没有被正式出版过。最近的一些研究表明，一些维特鲁威的比例被融入了洛伦佐·吉伯蒂创作的"圣人斯蒂芬纳斯"（Stephanus，1427—1428 年）雕像之中。

对于维特鲁威的兴趣，在早期文艺复兴时期，是由人文主义者们引起的，但是这股风潮很快就吹到了建筑师的圈子中，接着又被其他艺术家以及他们的客户所青睐，这些人共同构成了对于建筑学中的古典主义的古代的一种新的趣味倾向，而对于这一倾向而言，维特鲁威的著作是他们的唯一书本源泉。

尽管中世纪有关建筑的书籍与文章内容繁杂，有一点需要特别指出的是，只有在极个别的情况下，其文本才是出自实践建筑家之手。显然，在哲学、神学与几何学方面的主题占优势的背景下，对于建筑学的关注必须从旁门左道中去汲取营养。中世纪既不能也没有产生出它自己的建筑学理论，因为如同"结构艺术"（ars mechanica）一样，建筑学在知识的等级阶层中处于较为低下的层位。维特鲁威的名字是贯穿于文献之中的唯一一条连续的线索。

但是，这并不能使我们由此得出一种结论：维特鲁威的理论在中世纪曾经一脉相承。在早期人文主义者们之前，维特鲁威思想体系的重要性并没有被人们所认识，正是这些人文主义者的努力，第一个建筑学的理论体系才在古典主义古代的基础上萌生出来，这一体系虽然没能取代维特鲁威，但在知识价值的重要性上却远远超过了他。

（三）中世纪至文艺复兴时期的建筑理论

中世纪有关建筑学的资料文本，其内容所涉及的范围，从描述记录式的到沽名钓誉式的，从百科全书式的到实际操作式的，几乎无所不有。但是，直到早期文艺复兴时期，随着各种艺术开始从原来的卑微境地中挣脱出来，渐渐赢得了自己独立的存在地位，从而有关如何反映这些艺术的各种功能、原理的需求也逐渐显现出来。艺术变成了人们可以触摸现实事物的一面镜子，因而对于艺术，也如同对自然万物及其表现形式一样，需要探索它的内在规律。从而（对各种艺术的）定义与分类，意味着对于各种艺术规律与法则的描述与规定。

在人文主义的早期阶段，艺术家与工匠，按照中世纪的传统分类方法，还没有占据其应有的知识层位，也没有将其知识领域扩展到能够满足如上种种需求的地步。因此，在艺术家和建筑师们自己能够用语言或文字系统而规则性地表达自己的思想之前，我们可以期待，由一位杰出的人文主义者，首先来对视觉艺术与建筑的规律进行一番系统的探索与开拓。

莱昂·巴蒂斯塔·阿尔伯蒂（Leon Battista Alberti，1404—1472）在15世纪的上半叶写出了他最为重要的理论著作，内容既有绘画与雕塑方面的，也有建筑学方面的。阿尔伯蒂于1404年2月14日生于热那亚（Geno-va），在威尼斯度过了他的童年时代。在1416～1418年间，他在帕多瓦（Padua）从加斯帕里诺·巴齐扎（Gasparino Barzizza）那里接受了人文主义的教育。然后，他在博洛尼亚（Bologna）学习了基督教规与法律、物理学与数学，但是，由于家庭以及疾病缠身的原因，一直到1428年他才获得了基督教规与法律方面的博士学位。在学生时期，他就显露出了在文学领域的杰出天分，他用拉丁语写作了一部名为《骄傲的情人》（*Philodoxeos*）的喜剧，并且用自己的母语写作了一系列文章。随着对他家庭禁令的放宽，他在1428年后回到佛罗伦萨，但是，在1428年至1432年间，他究竟在哪里，人们至今不清楚。也许这一时期他作为红衣主教阿尔伯戈蒂的随员，正在漫游法国、德国和比利时。

从 1432 年到 1434 年，阿尔伯蒂作为格拉多家族的族长的秘书而生活在罗马。同一年，他以冈戈兰地（Gangalandi）的圣马丁诺教堂领班的身份领到了他的第一份教职俸禄。在罗马的皇家法庭上，他遇到了一群重要的人文主义者，其中包括布鲁尼（Bruni）、波焦（Poggio）和比翁多（Biondo）。他最早接触并学习古代罗马建筑及维特鲁威的思想，大约就是从他在罗马逗留的这一时期开始的。不久，阿尔伯蒂完成了他的《家族》（*Della famiglia*）一书的写作（1434 年）。1434 年他作为教皇尤金纽斯四世（Eugenius Ⅳ）的扈从回到了佛罗伦萨。

在佛罗伦萨，他与以伯鲁乃列斯基（Brunelleschi）和多纳泰洛（Donatello）为核心的艺术家圈子来往密切。1435 年他用拉丁语完成了他的《绘画论》（De pictura）。1436 年他又将这本书翻译成了他的母语，赠送给伯鲁乃列斯基。1436 年，他还跟随教皇法庭第一次回到了博洛尼亚。在 1438 年，他到了费拉拉（Ferrara），那里是东西方教会协调委员会的所在地。1439 年时他回到了佛罗伦萨，同年，他完成了《餐桌上的絮语》（*Intercenales*）一书的写作，这是他在博洛尼亚的学生时期就开始写作的一本书，他把这本书献给了数学家托斯坎奈里（Toscanelli）。

1443 年阿尔伯蒂又一次回到了罗马，此后他一直在那里生活和工作着，直到他逝世。此间，因为旅行的关系，他还经常往来于里米尼（Rimini）、佛罗伦萨和曼图亚（Mantua）之间。他曾为教皇尼古拉斯五世（Nicholas V）在罗马的建筑的平面进行过咨询，并且完成了许多他最为重要的美学与数学著作，如《罗马城记》（*Descriptio urbis Romae*），《雕像》（*De statua*）和《数学研究》（*Ludi reum mathematicarum*）等。他的十册装的著作《建筑论》（*De re aedificatoria*）是在 1452 年完成的。

然而，直到他生命的最后 25 年中，他才被授命负责承担实际的建筑工程项目：1447 年被教皇尼古拉斯五世任命，负责重要古迹建筑恢复工程的主管工作，1450 年后，他先后承担了里米尼、佛罗伦萨和曼图亚的一些工程项目的委托。在阿尔伯蒂生命的最后几年，他的时间主要被拉丁文或他自己母语的文学创作，包括讽刺文学的创作以及数学、伦理学（其中包括 1468 年出版的 *De iciarchia* 一书）的研究写作所占据。

阿尔伯蒂所著的短篇作品《罗马城记》（*Descriptio urbis Romae*），应该放在将罗马的景观与奇迹作为某种旅游性指南的这一历史背景下进行阅读，但是，这本书也显示出了某种对于以这座首都为中心的坐标体系的全新发展，书中对于这座城市中的每一个地形学特征，都给出了一个准确的位置。这是阿尔伯蒂对于概念抽象所做出的杰出贡献的例证之一。

为了对成书于 1443 年至 1452 年间的《建筑论》一书做出一个恰当的

评价，我们必须对阿尔伯蒂的哲学与美学的知识背景做一个比较充分彻底的了解。尽管关于这一课题有着十分丰富的文字材料，但是对于这样一些混杂着亚里士多德主义与新柏拉图思想、西塞罗修辞学以及当时的流行哲学的大杂烩，至今没有人能给出一个令人满意的梳理与澄清。将阿尔伯蒂与维特鲁威相提并论的做法，恰恰揭示了一个事实，即阿尔伯蒂致力于将他手中的大量材料系统地梳理、消化。

阿尔伯蒂与维特鲁威两者的论著之间，在内容与形式上所存在的联系是显而易见的，例如两者都分成"十书"，都应用了历史事件、技术细节、柱式理论，都采用了古代建筑的分类法，并具有共同的术语学基础。但是，当阿尔伯蒂运用维特鲁威著作中的有关古代建筑学的资料时，他采取了审慎的批评态度。

第三节　现代建筑理论思潮

建筑是一种文化现象，建筑文化中包含物质性的形体、空间与精神性的思想、理念。形体、空间是建筑的本体，是建筑创作的结果；而思想、理念则是建筑的灵魂，是引导建筑实体得以实现的纲领。世界上各种有生命力的文化，其基本的特征之一是持之久远的历史传承与代代更新的文化活力。西方建筑之所以不同于世界上其他文化中的建筑，其根本的原因，不仅在于所使用的材料和技术，或所处的地理环境，更在于基于文化根基之上的建筑理念上的差别。

古代希腊人的理性与逻辑以及柏拉图对于"真、善、美"的论述，奠定了维特鲁威"坚固、实用、美观"的建筑三原则，也奠定了西方人的基本思维模式。作为其文化传统之一的理性追求与逻辑性表述，几乎贯穿了西方建筑理论发展历史的全过程，并最终构成了完整严密的现代建筑理论体系。

一、未来主义和理性主义

意大利看起来似乎并没有为 19 世纪的建筑理论提供什么原创性的贡献。我们所能看到的相关文本，就像建筑物本身一样，在很大程度上只不过是对法国、英国和德国所发生的运动的回应。例如像卡米洛·波伊乏（Camillo Boito）这类建筑师，就在其观点中反映出了维奥莱－勒－迪克（Viollet-le-Duc）的功能主义思想，而世纪之交的所谓自由风格（Stile

Liberty）也是与国际上的趋势联系在一起的，特别是和奥托·瓦格纳的思想联系在了一起。

雷蒙多·达隆科（Raimondo D'Aronco，1857—1932）的作品，以他那曾为1902年都灵国际艺术和工艺品博览会（International Exhibition of Arts and Crafts）所做出的令人注目的贡献，而让人们目光的焦点暂时转向了意大利。但是，就意大利的艺术家们而言，他们所关心的都是理论问题，他们的立场是极其保守的。"社会主义产生了新的艺术"这样的口号，只是对英文理念的简单回应。新艺术（Jugendstil）并没有畅通无阻地将人们引向现代建筑——相反，自由风格的建筑大师，如达隆科（D'Aronco）、埃内斯托·巴塞勒（Emesto Basile）和朱塞佩·松马鲁加（Giuseppe Sommaruga）等人，仅仅是一段插曲而已，建筑学连同其相关的理论讨论，一直到20世纪20年代还保持着向后的观望。

（一）未来主义

随着未来主义的到来，意大利重新承担起了欧洲艺术的领导角色。但是在建筑学方面，未来主义在相对较晚的时期才形成一股力量，但也仅仅是在单个的方案和少数的宣言之中有所显露，而在实际上丝毫没有触及建筑的外观形式。这里不是要分析像这样一种包罗万象的未来主义理论，只是想讨论一些与未来派的建筑宣言相关联的基本原理问题。

在未来派运动建立以及它的整个发展过程中，一个关键人物就是诗人及未来主义的鼓吹者菲利普·托三斯·马里内蒂（Filippo Tommaso Marinetti，1876—1944）。马里内蒂所受到的法国教育，对于他的态度有着决定性的影响，他是一位热情的意大利民族主义者，他在未来主义的第二个阶段，成功地将它融入法西斯主义的意识形态中。他于1909年2月20日在巴黎《费加罗报》上发表了"未来派宣言"（Futurist Manifesto），这是对历史的挑衅和对绝对技术权威如醉如痴的信奉。正如他特意为宣言所作的前言，马里内蒂运用富于挑逗性的语言讲述了一场汽车事故。这个宣言本身就是在对技术、速度、侵略、人民群众、民族主义、军国主义、战争唱颂歌，同时这个宣言也是试图摧毁博物馆、图书馆和大学的大声疾呼。

马里内蒂和其同伴那煽动性的宣言，几乎触及了生活与艺术的各个领域。第一份关于未来派建筑的文件出现于1914年初，这是画家恩利克·普兰波里尼（Enrico Prampolini）的著作，他宣称建筑是未来派对生活感触的表达，其中充满了活力、能量、光和空气。普兰波里尼所提出的唯一标准，就是空间的抽象和永恒的增长。

青年建筑师安东尼奥·桑特埃利亚（Antonio Sant'Elia，1888—

1916) 很可能在1914年夏天之前就已经加入了未来派。他的早期绘画显示出他所追随的是奥托·瓦格纳，并且他极有可能在瓦格纳的《大都市》一书刚刚出版之时就已经有所了解了。他为"新城镇"所做的方案于1914年展出，而且，他在展览目录上的祝词也暗示出他已经很熟悉未来派的声明了。

桑特埃利亚的祝词不仅论述了"未来派"，也论述了"现代"建筑，这从一开始就清楚地表明作者所关注的不是风格或形式的问题，而是理性设计的作品，是既要利用每一技术的可能性，也要考虑到人们的生活习惯和当时的态度。在桑特埃利亚的观点中，要求现代生活状况要与传统和风格、美学以及比例之间有一个分离。他对历史连续性的否定揭示出了他与未来派之间的密切关系。驾驭新材料，要求一种新的审美观，过去那种纪念性的、巨大的、静态的标准让位于轻质结构和当前的实用价值。桑特埃利亚建议摧毁城市贫民窟，建立巨型宾馆、火车站、大型主干道、巨型码头等，来例证新的时代。

现代城市必须进行重新改造：桑特埃利亚把它比作一个巨大的造船厂，每一细节中都充斥着能量和活力的喧嚣。现代房屋就像是巨大的机器：电梯取代了楼梯，沿着玻璃和钢的立面像蛇一样盘旋而上。房屋本身是由混凝土、铁和玻璃制成，没有绘画和装饰线条——在线条和可塑性中可以发现它们的美。房屋可能会"由于机械般的简洁而特别丑陋"，泰然自若地处在喧嚣的峡谷边缘；在峡谷中，房子的下面可以发现多层的街道、地铁和自动扶梯。为了实现这一切，那些纪念碑、人行道，连拱廊和楼梯都必须被摧毁，将街道与广场的标高降低，以形成一个新层，来建造城市，这样地平面就可以重新安生以满足居民的需要。

桑特埃利亚反对"时尚建筑"（architetturadi moda）。包括所有国家的和所有风格的时尚——礼仪的、古典主义的、神圣的、戏剧性的、装饰性的、纪念性的、迷人的、令人愉悦的等。他也反对要对那些有历史价值的纪念性建筑物以及那些垂直与水平的线条，或立方体和三角锥形等进行保护、重建和复制，因为这些东西是静态的、压抑的，因而是"完全处于我们的现代意识之外的"。

相反，他要求一个冰冷的、经过计算而大胆简化了的建筑，使用钢筋混凝土、铸铁、玻璃、纸板、合成织物和所有塑性材料，具有最大的轻巧和弹性。然而，建筑并非被看作是一种经过计算的、实际而有用的组合，建筑是一门艺术，是一种综合与表达；在建筑中运用装饰是荒诞的，因为只有正确驾驭颜色生硬且粗糙无装饰的原材料，才能创造出真正现代建筑的装饰特性来。

过去是从自然中汲取灵感，目前，源自于工艺品的材料和理性的价值，必须从机器世界中去寻找灵感，其最完美的表述和最彻底的综合，都会具体地表现在建筑之中。这样就必须拒绝过去，同时，要求依据技术论与物力论，并且要将建筑看作信息的媒介，这些都非常接近于未来派的主张。

桑特埃利亚的祝词部分是直接和"新城镇"方案联系在一起的，尽管他从未提出一个完整的方案。我们对其城市和城市中建筑的印象是基于他所做的相当多数量的单个草图和绘画，但一直都不清楚这些是如何与他的一些普通方案联系在一起的。方案中的决定因素是由大型多层街道和铁路线所形成的交通体系，并通过桥梁得以延伸以及和单体建筑直接连接在一起。街道的设计仅仅是为机动车考虑的：任何一幅绘画中都看不到树木、林荫道或是步行者。在他设计的通过自动扶梯和飞机场连接在一起的中央火车站以及高速公路系统中，可以看出桑特埃利亚参加米兰中央火车站竞赛时的一些思考。这种所有交通方式的集中化，也是勒·柯布西耶为一座300万居民的现代城市所做方案的特点。

在建筑设计中，桑特埃利亚显示出对发电站和高层建筑的偏好，它们的功能并不立时显现出来，只是证明了密度原则。按照他的祝词中的理论，这些建筑物是将电梯放在墙体之外的，这使在当时备受争议的竖直面的处理，通过将楼层作阶梯式后退而得以缓解。这些设计可能揭示了关于阶梯式后退摩天楼的争论的影响，这一争论在美国，从19世纪90年代就已经进行了，桑特埃利亚通过建筑杂志对此有所了解。他所有的设计都没有装饰，但广泛的对称性赋予了它们新的纪念意义。从它们的外观可能很难分辨出是教堂还是住宅楼，是办公楼还是工厂区。

桑特埃利亚在1914年7月14日发表了未来派宣言，并附有大量关于"新城镇"的绘画，这篇宣言中除了增加了序言之外，基本上与他的祝词是一样的；其中的一些词语，如"现代""新的"等，为"未来派"所代替，连同其他几处改动，这些改动可能要归因于马里内蒂。其中的一个新观点是，宣言中谈到了未来派建筑所具有的某种暂时性的观点，并将每一代人都必须建造他们自己的城市的原则结合了进来："房屋并不像我们所想象的那样持久，每一代人都将不得不建造他们自己的城市。"

（二）理性主义

意大利未来派建筑师对于打破历史束缚的尝试是一段有趣的插曲，但是并没有产生什么实际的结果。事实上处于优势的是20世纪绘画运动、保守派与民族主义者，虽然他们缺乏自己的理论，但也决不意味着他们是一些反动分子。另外，理性主义者的尝试则是和20世纪20年代的国际潮流联系在一起的，并被载入了史册。

意大利理性建筑运动虽然仅仅持续了7年，但在这期间却从根本上改变了它的性质。它的活动集中在1928年和1931年的两次展览上，其中第二次展览，伴随着愈演愈烈的政治化倾向，最终破坏了这个小组原本对于建筑学的关注。但是，即使是在考虑了对于各种不同因素的强调之后，仍然保持了这样一个事实，即理性主义者从一开始就坚信，他们可以实现他们的目标。

为使意大利能够引起对国际现代主义的关注而做出了最早努力的是戈埃塔诺·米奴奇（Gaetano Minnucci，1896—1980），他从1923年起就写下了大量关于现代荷兰建筑的文章。他对切断传统寄予了极大的热情并将新潮流归纳为"立体主义、表现主义、浪漫主义和理性主义"。他也是1928年第一届理性主义建筑展的两名组织者之一。

1926年在罗马、米兰和都灵，各种青年建筑师团体变得对"国际式"建筑不安，因而坚持要求建立一个新的建筑学概念，他们联合起来向公众提出了他们的纲要。米兰的"七人小组"（Gruppo 7）是这些团体中的第一个，也是最重要的一个。该小组在杂志《意大利回顾》（*Rassegna hali-ana*）上发表了大型宣言的第一部分，随后的部分是在同一杂志上连续发表的，直至1927年5月为止。因而，1926年12月被认为是意大利理性建筑运动诞生的日子。

这一宣言是阐释意大利建筑的理性主义运动的出发点，其中不仅包括了有关七人小组立场的陈述，也包括了它是如何与"国际式"运动的相关立场分道扬镳的。比照桑特埃利亚1914年的未来派宣言，它的语气变得含蓄了。宣言是以"新精神诞生了"这样的话为开始的，清楚地提及了杂志《新精神》（*Esprit Nouveau*）。1920年，这一杂志开始发表勒·柯布西耶的《走向新建筑》。勒·柯布西耶被誉为"理性"建筑学最重要的创始人之一，建筑学被置于新的理念的范畴之下，其代表是毕加索（Picasso）和胡安·葛利斯（Jnan Gris）的绘画、科克托（Cocteau）的文学、斯特拉文斯基（Stravinsky）的音乐，连同勒·柯布西耶的建筑，他的艺术理念与科克托是相同的，他们的特征是"严格、清晰、明白易懂的逻辑性"。

以对德国、奥地利、荷兰和斯堪的纳维亚建筑状况的概观为开始，宣言提及了在这些国家所发生的新趋向，它们受到了民族、地理和气候因素的制约。同时宣言否定了仅仅通过采纳德国的实践，就能够实现意大利建筑复兴的思想。相反，宣言中认为一个具有建设性的理性主义，应当充分考虑地形、地貌和气候的条件，这些都与皮亚琴蒂尼的"环境主义"（ambientismo）之间建立起了某种联系，尽管只是寥寥数笔，却和"国际式"建筑的原则拉开了距离。宣言声称，由于意大利的历史传统及其在墨索里尼统治之下的崛起，在新建筑学中正在扮演着领导者的角色。

意大利能够胜任将这种新精神发扬光大的职责，并承担起其极端的后果，从而能够达到主宰其他国家风格的境地，就像这个国家的过去那个伟大的时代一样。

宣称是代表年轻一代说话的，这个七人小组拒绝未来派式的反叛，尤其是他们对于以往的那种"浪漫式的"否定，同时七人小组也表达了对于根植于历史与传统之上的清晰感与秩序性的向往。

年轻一代对于新精神的渴望是以对过去可靠的知识为基础的，而不是凭空建立起来的……我们的过去与现在，两者之间并非水火不容。我们并不想割断传统……

同时，七人小组也对当时的传统主义建筑学提出了否定，认为那只不过是将过去的立面钉在了骨架之上。

这一点直接导向了宣言中理论争辩的核心部分，这是一场以对理性主义、对建筑的"需求"、对类型和新审美观的信奉为基础的争辩：

新建筑、真正的建筑，必须来自于对逻辑和理性一丝不苟的坚持。一个坚定的构成主义者必须支配这些原则。新的建筑形式，将不得不单独地从其必要性的本质中获得它们的美学价值，选择的唯一结果，将产生一种新的风格……我们并不是宣称要去创造一种风格……而是从对理性的一贯应用中，从与建筑结构及其预期目标的完美联系中，得到选择的风格。我们应当继续尊崇纯韵律的抽象完美与不确定性；仅仅是简单的建筑式样，是没有美观可言的。

"选择"（selection）的概念被定义为创造有限数量的基本类型的需要，正如在勒·柯布西耶的《走向新建筑》一书中所说的那样。但是，勒·柯布西耶将住宅看作机器的观念，被作为谬论而加以否定，并且从这一点出发，他们要求建筑学应当按照自己的方式，根据新的需求不断发展，就像是机器所做的那样："住宅将会拥有自己的美学标准，就像飞机有自己的美学标准一样，但是，住宅不会有飞机式的美学标准。"进一步来说，他们认为新的真正的和原创性的建筑类型，只能通过摒弃个体、牺牲主观原则、关注当前需要，并对逻辑加以最严格的应用才能够产生："建筑不再是孑然独处的"。不过这里也提及了"暂时性的整齐划一"（temporaneo livellamento）。大批量生产的精神实质，就是要对个体的那种优雅的折中主义加以反对。其目标不是贫乏无味，而是简洁朴素，在完美的简洁中蕴涵着最高等级的优雅。

对于工业建筑而言，其类型学编码不可避免地导致了形式上的国际化，而形式的统一，甚至产生了某种庄严感。在其他种类的建筑中，必须将彻底的现代性与保护作为古典根基的民族传统结合在一起来考虑。他们用诸如"对真实、对逻辑、对秩序的渴望，以及对希腊主义（Hellenism）清晰的追忆"这类夸张的词语，来表达对于建筑上的革命的热情欢呼。

七人小组宣言的第二部分是由对欧洲现代建筑的纵览及对其"理性观点"的评价所构成的。勒·柯布西耶由于过分严格地运用纯理性的标准而受到了抨击，这使人们对这一部分的观点产生了一种相当客观的印象。混凝土为新的美学提供了某种机会，合理地运用材料可以导致形式上的发展，这可以为一些个别性问题提供某种较为完善的解决方案，因而，也就可能被看作国际式建筑语汇的一个组成部分，就如同旧时代的柱式和连拱廊一样。宣言的第三部分则论述了建筑师的培训，呼吁人们对技术问题给予更多的关注，为"技术美学"创造某种能够被认知的可能性。因为建筑是在表达时代的精神，所以20世纪绘画运动当时正在坚持的新古典主义层面则遭到了否定。

宣言的第四节，也就是最后一部分，论述了理性主义者的新美学标准，特别是钢筋混凝土的美学标准，混凝土是一种能够通往新古典主义的纪念性的材料。与早期的希腊建筑相比，新形式的特征是简洁的表面，还有由各个层面的开合而产生的安静的节奏感，其间的几何阴影创造了某种空间的特性。在当时的情况下，正在通过选择以期发展出一种新的形式语言，彼此的争论仍在继续中，所有的个人主义必须被摒弃。只有以这种方式才能创造出统一的风格，从而达成真正的"意大利"建筑——这是一种具有"庄严的纯净"与"宁静的美"的建筑。新的纪念性来自于历史与民族特色。民族主义和国际主义的问题，连同与建筑美学讨论相应的标准，一直反复出现，宣言所使用的语汇是如此暧昧，从而也容易激起争辩的热情。

通过1928年在罗马展览宫举办的第一届意大利理性主义建筑展，理性主义的理念得以与公众有进一步的广泛接触。米奴奇（Catano Minnucci）和阿德贝尔托·利贝拉（Adelberto libera）为展览的目录做了序，序言中详细描述了1926～1927年的宣言，并第一次对"理性"建筑提出了一个定义：

理性建筑，正如我们所理解的那样，在新的建筑设计、材料特性以及对建筑设计所可能要求的完美回应等方面，都再现了和谐、韵律与均衡。

这一看起来富于国际化的定义，通过增加对古罗马法则的介绍和将建筑的"理性"品质同"民族"特性等同起来，表达了一种民族性的倾向。

从而"在真正的法西斯主义精神之下",理性建筑重新为意大利赢得了在罗马人统治下所享有的光荣。

皮亚琴蒂尼批评理性主义者在设计中对已经存在的建筑环境没有给予足够的重视。此外,他对历史风格的否定并不意味着他也要否定装饰。对钢筋混凝土的关注,被认为只是一个方面的问题,同时需要使用一整套不同的材料。在结尾部分,皮亚琴蒂尼提议说应该举办一个专为特殊情况的设计为主题的新的展览。

在一封公开信中,利贝拉代表理性主义者的立场回应了这些批评,他指责皮亚琴蒂尼的出发点是对"理性"这一术语的错误解释:建筑学作为结构,首先必须关注技术、实用和理性因素;建筑学作为艺术,也必须表达现代精神和现代感,但不允许和这些技术、实用和理性因素相抵触,因为时代的氛围是受其统治的,现代感也是受其限定的。在 1928 年,马里内蒂加入了这一争辩之中,他相信自己可以带领理性主义者回归到桑特埃利亚的未来主义。马里内蒂的干涉,看上去与当时新未来主义运动的背景是格格不入的,他们诚挚地希望将理性主义者纳入自己的阵营之中,因此他这一举动遭到了理性主义者的强烈抵触。

这一争辩在 1928 年至 1931 年之间的展览期间还在继续着,其特征是理性的衰退与政治内容的增加。《Casabella》(La Casa Bella,1928—1943)是理性主义者自己的杂志,但许多其他的杂志也卷入了争论之中。这一时期的一位重要人物是皮耶特罗·马利亚·巴尔蒂(Pietro Maria Bardi),他是一位画廊的业主,同时也是记者兼编辑,在第二次世界大战之后,他在圣保罗以博物馆主管的身份,走入了他人生的第二个阶段。

巴尔蒂的目标是试图将理性主义的建筑理论与法西斯主义的意识形态进行整合,他为此专门写了文章《建筑,政府艺术》(Architettura,arte di stato,1931 年)和《献给墨索里尼的建筑的报告》 (Rapporto sull' architettura per Mussolini,1931 年)。与 1928 年开展争论时那种基本客观的语调大相径庭,在巴尔蒂的这些著作中表现出令人厌恶的诡辩性以及对墨索里尼的不加掩饰的趋炎附势与卑躬屈膝。巴尔蒂要求建筑,尤其是罗马的建筑,应当采用法西斯主义的外观,他呼吁国家应当维护在这方面的权威性,因为建筑在任何文明中都将是最为持久的元素,比所有其他由手工制作出的产品存在的时间更为长久。因此,建筑是一门国家性的艺术。

二、苏联的建筑艺术

自文艺复兴以后,东欧的建筑学显示了对于西欧建筑学,特别是对意大利建筑学的依赖。15世纪的匈牙利在马提亚·科尔维纳（Matthias Corvinus）统治下以及加基林（Jagiellon）时代的波兰和俄国古典主义时期，都建造了一批具有很高艺术品质的建筑，但是，在建筑理论领域，这些建筑却超出了对于其西方源泉的简单接纳，因而两者之间似乎不分伯仲。由意大利裔俄国建筑师贾科莫·科瑞尼（Giacomo Quarenghi，1744—1817）发表的著作是一些基于西方传统的作品集。

19世纪俄国向中世纪建筑的回归与同一时期西欧各国的发展是相互平行的。但是在19世纪50～60年代的绘画艺术中，可以看到为了寻找俄罗斯的现代文化而产生的新的发端，在建筑学中，相似的运动直到第一次世界大战期间才开始出现，尽管如此但却轰轰烈烈，并随着1917年的革命而达到了顶点。在这里起到引导作用的同样是美术，特别是未来主义和立体主义，这些艺术思潮在俄国融合而为某种"立体未来主义"的形式，而其"至上主义"（Suprematism）与"构成主义"（Constructivism）思想则逐步显现出包容所有艺术，甚至像荷兰青年风格派运动的态度。

（一）立体未来主义建筑理论

从近些年的大量原始资料中，逐步揭示出了从十月革命直至斯大林时代的苏联建筑的理论和实践。这些资料既丰富多样又令人疑惑不解，一方面是因为，艺术家和建筑师们确信他们为了社会以及这个新的苏维埃国家做出了至关重要的贡献，尽管他们的讨论经常只是保持在形式和美学的范围之内；而在另一方面，这个国家总是试图将艺术和建筑学应用于自己的宣传目的。在关于究竟是由什么组成了无产阶级文化的观点上，存在着很大的分歧，在为人们所熟知的"无产阶级文化"（Proletkult，1917—1921年）的组织活动中，我们发现了有关这些观点的早期表述。

在意大利未来主义者精神的影响下，他们要求与以往做彻底的决裂，甚至是完全摧毁过去的一切，就像基利洛夫（V. T. Kirilov，1890—1943）所说的："让我们以未来的名义烧毁拉斐尔，让我们捣毁艺术之花并把它踩在脚下……我们已经学会如何仰赖蒸汽与炸药的力量，我们倾心于汽笛的刺耳呼啸以及活塞和压路机那有节奏的强烈撞击与隆隆轰鸣的声音。"列宁的目标是"取得资本主义所遗留下来的文化，并把它们用以建设社会主义"。

列宁的这种"极端的宣传"是注定要出现的，他曾受到了托马索·康帕内拉（Tommaso Campanella）的"太阳之城"中乌托邦美景的激励，并宣布要将艺术作为一种宣传性的武器来使用。

以立体未来主义为依托的新的建筑运动之后的艺术驱动力这时已经在

苏联出现，值得注意的是，这一驱动力就是所谓"总体艺术作品"（Gesamtkunstwerk）的概念，第一部将这种综合性的"艺术联合体"具体化的重要作品是克鲁琴尼科（Kruchenykh）的未来派歌剧《战胜太阳》（*Victory over the Sun*，1913 年），卡兹米尔·马列维奇（Kazimir Malevich，1878—1935）为该剧设计了布景和服装。由马列维奇所建立的至上主义运动，仅仅是在由马列维奇在空间维度的实验中的理想化的建筑绘画所产生的功效这一背景下才令人感兴趣，这最终导致他提出了在他的设计与共产主义的社会体系之间存在着某种联系的假设。

马列维奇在 1920 年间的论著与设计方案以及那些他称为"建构术"（Arkhitektoniki，从 1922 年开始）的建筑作品，显示出一种新的理念的出现。他的思想的主要来源是论文《至上主义 1/46》（*Suprematism 1/46*，1923 年）和 Unovis 的《至上主义宣言》（*Suprematist Manifesto*，1924 年，Unovis 代表了"捍卫艺术的新形式"，并选择了以马列维奇为中心的团体以及他自己团体的学说）。

马列维奇的出发点与意大利未来主义者和德国表现派一样，都是一种对于大地的鸟瞰："翱翔的（planity）（飞行物）将决定城市新的规划和（zemlyanity）（地面上居住者）房屋的形式。"Planity 是非物质的，"新人类的新居所位于太空之中"。马列维奇承认"至今还没有新艺术的消费者"。他对直角的强调暗示出了他和荷兰青年风格派以及和勒·柯布西耶之间的联系，并通过相当刻意的争辩以和"共产主义教义的本质"之间保持一致，而其他形状，例如三角形，就遭到了古代希腊、罗马人、异教徒和基督徒的摒弃。对他而言，能与新社会相称的唯一建筑形式就是基于直角的形式，"因为共产主义就是试图向所有的人平均地分配权力"。这样一种陈述已经落入了极端形式主义的窠臼。

马列维奇的立方体建构术（Arkhitektoniki）完全是由直角构筑而成，看上去更像是与建筑相关的雕塑，而不是一种倾向于具有实际功能的设计创作。其中只有一个例外，就是为工人俱乐部所做的设计，这一设计中附有平面与剖面图。在他的一篇于 1927 年大柏林艺术展（Grand Berlin Art Exhibition）之时所写的，以"至上主义建筑"为题的文章中，谈到了一种"纯粹而绝对的建筑"，在这里他将建筑学比作"纯粹的艺术形式"，还宣称他的至上主义标志着"新古典主义建筑学的发端"。然而，这种将建筑学简化为形式问题，而不考虑结构和功能的做法，注定是要以失败而告终的。

但不管怎样，马列维奇的至上主义思想的确为俄国的结构主义（构成主义）运动（Russian Constructive movement）提供了艺术的出发点——

尽管结构主义者最终得出了完全不同的结论。埃尔·利西茨基（El Lissitzky，1890—1941）为我们提供了这两个运动之间的重要联系，他曾接受过建筑师的培训，并活跃在设计的各个方面。

1917 年他作为维捷布斯克（Vitebsk）艺术学院的一名教师和马列维奇共事了几年，1920 年代他在德国度过了很长一段时间，这一经历的结果使得他能够在俄国与中欧之间进一步交流观点。他创造了一套艺术准则，他称作"Proun"（"proyekt ustanovleniya/utverzhdeniya novogo"的缩写——"为建立/证实新的艺术而做的泛计"）。他试图以 Proun 来对绘画、雕塑与建筑的传统形式取而代之，他将 Proun 定义为"由材料而转变成为建筑的接合点"。他继续道，"是 Proun 改变了多产的艺术形式"，他构想了一个适用于全世界人民的统一的标准化城市，并使之"矗立在共产主义的钢筋混凝土基础之上"。

就建筑而言，这些理念最重要的成果是埃尔·利西茨基的高层建筑方案，他称为"云朵支架"，并打算以此来彻底改观莫斯科的城市面貌。这些水平结构，每一个都立于三根支柱上，被设计为最小的支撑物来提供最大的使用空间；为此埃尔·利西茨基设计了技术上不切实际的钢结构。他对西欧诸国的现代建筑十分不满，例如，他斥责勒·柯布西耶是一个"热情洋溢的伪功能主义者"——这一指责根本就不是事实。1930 年他撰写了第一部全面的有关俄国现代建筑及其赖以依托的理念的报告，这是一份十分有价值的第一手资料来源。

打破艺术界限的迫切要求在结构主义（构成主义）者弗拉基米尔·塔特林（Vladimir Tatlin，1885—1953）的事业生涯中是非常明显的，他起初是一名画家，后来用金属线、玻璃、木材和其他材料创作浮雕，并于 1920 年设计了莫斯科第三国际纪念塔，最终他成为一名商业设计师。

（二）结构主义建筑理论

1922 年，阿列克谢·甘恩（Alexey Gan，1889—约 1940）发表了一篇结构主义（构成主义）者宣言，宣言的宗旨是以论证这一运动团体在本质上与马克思主义的一致性，并诱导政府采纳结构主义者的路线。甘恩的宣言是结构主义者立场的一种极端表述——将艺术废除，结构主义作为新的工业文化的结果，是将回归材料本原的法则作为至高无上的标准——但却是按照意识形态的原则安排的。这一观点被冠之以"艺术来源于工厂"的口号，他将这一口号具体化为对艺术家所进行的重新定义，所谓艺术家就是一个断然放弃了个性，并从所制造的产品的美学特性中汲取营养的人。这等于又回到了关于艺术典型的争论，这一争论从世纪之初在西欧各国就已经在进行了。

这一争论引起了对建筑元素的解析研究，最终由理性主义者尼古拉·拉多夫斯基（Nikolay Ladovsky）通过在心理技术学实验室的实验得以完成，同时涉及的对于这些问题的讨论，支配着由艺术家与建筑师所组成的结构主义者协会，这些协会包括 Unovis、Inkhuk 和现代建筑师联盟（OSA），连同一些艺术学校，诸如 Vkhutemas 和 Vkhutein。

1924 年，建筑师摩西·雅科夫列维奇·金兹堡（Moisey Yakovlevich Ginzburg，1892—1946）提出了一套全面的结构主义理论，并将之与建筑学联系了起来。在其著作《风格与时代》（Style and Epoch，1924 年）中，他对面向时代的挑战进行了评估，并发展出了一套以传统与现代艺术理论的背景为依托的建筑观。这本书是对勒·柯布西耶《走向新建筑》的回应，并可与之相提并论。金兹堡曾经在巴黎美术学院（Ecole des Beaux-Arts）、图卢兹（Toulouse）和米兰的艺术学院里学习过，1917 年他在里加（Rigd）获得了建筑学的毕业证书。他的思想中刻有法国理性主义与意大利未来派的印痕；在米兰，他同社团"新趋势"（Nuove Tendenze）保持着联系。在方法论的观点上，他受到了沃尔夫林和弗兰克尔的风格概念以及斯宾格勒历史哲学的强烈影响。

金兹堡在他的第一部书《建筑的韵律》（Rhythm in Architecture，1923 年）中已经做了一些初步的尝试，他试图展示由历史规则给出一种现代形式，并如何同现代的需求结合起来。他使用了韵律的概念，这是生活中最为广泛的一条原则，以此来表达驾驭时代精神的动能的规则。他从建筑中选取的例子，就像他的历史分析一样，主要是基于沃尔夫林。他将对称定义为选择性重复这一规律的表达形式，并引用了阿尔伯蒂的话，作为权威性依据来证明对称是自然给出的事实。

对称是简单而有组织的，是空间与建筑形式所青睐的均衡方式。遵循文艺复兴的传统，他从基本的规则几何形体与比例出发，声称对于现实的表达，存在于对古典比例谨慎的摧毁中，也存在于某种新的纪念性中。他认为文艺复兴的传统是正确的，并将阿尔伯蒂的"和谐"（concinnitas）看作至高无上的目标以及对于某种渴望的表达——渴望看到蕴涵在有组织的、有纪念性的建筑中的"现实而有节奏的脉动"。

金兹堡的《风格与时代》一书，就像勒·柯布西耶的《走向新建筑》一样，是从一个历史观点的争论开始的，随后就转向了现代建筑的技术方面，这与新风格，即"我们这个时代的壮丽风格"的关键性问题有关，在新风格中现代的力量将寻找到其表达的方式。

他将风格定义为"完全与所给定的地点和时间的需求及观念相联系的

事物",这显露出了沃尔夫林的影响,他看到风格的各个阶段反映出了一个时代的崛起、巅峰及衰落的过程。其中经历了缺少装饰的结构与实用的阶段、结构与装饰完美平衡的有组织阶段以及装饰性的阶段,这一时期的装饰已经独立于结构而存在。现代欧洲文化已经走到了"其赖以存在的最后期限",现在已经到了穷途末路,当代的西方建筑也处于一种衰败状态。在这里,瓦萨里(Vasari)的艺术发展循环性理论以及斯宾格勒历史哲学的影响,都是看得很清楚的。

虽然否定了意大利未来主义者对于割裂历史的尝试,但是金兹堡在寻找新风格时还是采用了与之相同的出发点、推动力与程序。在一个典型的充满激情与欢娱的未来主义者看来,他展现出了一种法国式的理性主义,将空间的问题定义为运动之力的物化过程。在他看来,风格、技术和政治制度是共生共存的,特别是在工人所居住和工作的区域中。在那里,机器和生活的新动力存在于结构的逻辑之中,通过建筑单元的标准化可以发现其共同的、综合性的和动态的表达形式。

金兹堡按照机器的功能对于"一项自由和愉悦的人类劳动"这一概念进行了解释,他将这一概念同阿尔伯蒂对美的定义结合了起来,按照这一概念,在不破坏整体的情况下,是不可能对于一个物体进行增减的。从而,美的概念得以通过机器而加以定义,这包括了"在作品中"可见的对于材料的使用,以及暴露出来的静态与动态的力量。金兹堡将与用于机器的相同的标准来评价建筑,这使得他与勒·柯布西耶之间在观点上和谐无间。由于机器的作用而产生了一种运动的趋势,这不是机器的对称性运动所可以表达的,因而使得不对称成为新风格的标志。

金兹堡基本上是将建筑看作动能的产物的。他所绘制的一系列应力图阐明了他的观点,他认为历史上建筑形式的本质就在于它们的均衡,他列举了维斯宁(Vesnin)兄弟为莫斯科劳动宫(Palace of Labour in Moscow,1922~1923)所做的不对称形式的设计,以此作为现代建筑推动力的例证。在这一设计中,高耸的旗杆,突出于建筑的顶端,象征了压力的纯线性特征。

金兹堡赞同结构美学的原则,并推断说通过可见的"构造性",在新风格达到成熟和有组织的阶段时,构造和装饰之间实现了一致。就像勒·柯布西耶一样,金兹堡将建筑看作一种新的、强化了的表达形式,源自机器美学和对机械的模拟;在他看来,新风格的特征是纪念性的,并表现为现代动力表达的不对称性。与"一种自由和愉悦的人类劳动"相一致的概念,推动了"机械化城市"的自由与愉悦的感觉。在金兹堡的设计方案中,建筑扮演着极其重要的角色,它是新生活中的一支有组织的力量,源自以模数化为基础的标准化的结构单元，并创造了一种和谐的综合。

金兹堡和勒·柯布西耶二者之间的连接点是清晰可见的，尽管两个人所追求的意识形态目标不同。金兹堡作为结构主义者的论据，要比勒·柯布西耶理想化了的理性主义更为坚实可靠，他对勒·柯布西耶的评论，连同两人在 1929～1930 年在莫斯科会面后彼此之间的通信，显示了两者之间相互差异的程度；金兹堡特别赏识勒·柯布西耶功能主义概念下的艺术形式主义。

第四节 建筑理论与实践概述

一、理论的概念

有人说理论是"人类文明的宝藏和精神界碑""历史的记录""哲学思想的表现""行动的指南"……

汉诺－沃尔特·克鲁福特（德）认为："理论是基于一定的标准、以书面形式（文字语言方式）来表达的局部或完整的学科体系发展规律。"

二、理论的分类

理论有历时性、关联性、操控性等分类依据。

（一）理论的历时性

按照历时性来划分，理论有古典理论、现代理论、当代理论。

1. 古典理论

汉诺－沃尔特·克鲁福特（德）在《建筑理论史——从维特鲁威到现在》中指示：西方古典建筑理论于公元 14 世纪至 17 世纪中叶形成。此时期的主要论著有：维特鲁威公元 14 世纪编写的《建筑十书》；莱昂·巴蒂斯塔·阿尔伯蒂公元 15 世纪编写的《建筑论或新建筑十书》；塞巴斯蒂亚诺·塞利奥公元 16 世纪编写的《建筑学或建筑全书》、帕拉提奥公元 16 世纪编写的《建筑四书》等。

建筑学是人文与科学技术交叉融合而形成的应用型学科，由建筑理论及建筑实践两部分内容构成。其中，建筑理论是建筑师的解题定理定律；建筑实践案例是建筑师的解题公式范式。《建筑十书》提纲见表 1-4-1。

表 1-4-1 《建筑十书》提纲

第一书	建筑师教育、基础美学与技术原理、建筑学的分支、城市规划	建筑学专业轮廓、建筑师的职责
第二书	建筑学的发展、建筑材料	建筑起源、美学概念及推理
第三书	神庙的建造	建筑现象、美学要素及原则
第四书	神庙的种类、柱式、关于比例的理论问题	材料规则及原理、柱式理论
第五书	公共建筑、对剧场建筑的特别说明	公共建筑概念及定义
第六书	私人住宅	居住建筑概念及定义
第七书	建筑材料的使用、壁画及其色彩	建筑的原创性
第八书	水及上水供给	四种要素、水的重要性
第九书	日光体系、日晷及水钟	数字与几何学、宇宙模型
第十书	机械构造与力学	估价与造价的关系

2. 现代理论

童寯在《新建筑与流派》中指示：20 世纪 20～40 年代是西方建筑实践的"英雄时期"。此时期，格罗庇乌斯、柯布西耶、密斯、赖特等大师反思建筑的社会性、工程性、艺术性问题，通过现代建筑实践修正古典建筑理论（表 1-4-2）。

表 1-4-2 《新建筑与流派》示例

时代思潮		学派流派
工业革命后	手工艺运动 新艺术运动	20 人集团、芝加哥学派、有机建筑、乡土建筑、奇异建筑等
新建筑早期	立体主义 构成主义 表现主义 未来主义	格拉斯哥学派（英）、阿姆斯特丹学派（荷）、维也纳学派（奥）、维也纳分离派（奥）、德意志制造联盟（德）、柏林学派（德）、包豪斯学校（德）等；风格派（荷）、立体派（奥）、构成派（俄）、表现派（法）、自由派（意）等
第一次世界大战后	现代建筑运动 现代理性主义	鹿特丹学派、国际建协 CIAM、十人小组 Team X、新建筑研究组 MARS、新艺术家协会、泰克敦技术团等

续表

时代思潮		学派流派
第二次世界大战后	功能理性主义 结构理性主义	芝加哥学派、费城学派、国际建筑联盟 UIA、建筑电讯集团等
新建筑后期	纯洁主义 典雅主义 粗野主义 新理性主义 隐喻象征主义	坦丹萨学派（意）、威尼斯学派（意）、阿基格拉姆学派（英）、新陈代谢派（日）、阿基格拉姆集团（英）、SOM 建筑师事务所（美）、KPF 建筑师事务所（美）等
新建筑之后	后现代主义 晚期现代主义 解构主义 地域主义 极少主义 生态主义	白色派、银色或光亮派、新传统派、新乡土或低技术派、高技派、新自由派、圣莫妮卡学派、都市建筑研究会 OMA、英国建筑联盟 AA、瑞士苏黎世联邦理工大学 ETH、奥地利蓝天组 Coop Himmelblau、荷兰 MVRDV 事务所等

荆其敏在《西方现代建筑和建筑师》中列出了现代建筑师的主要论著及代表作品（表 1-4-3）。

表 1-4-3　现代主义建筑师 1890～1955 年

流派代表人	论著及代表作
路易斯·沙利文（美，1856—1924）	1890 年创立芝加哥学派
	1. 芝加哥－音乐厅礼堂（1886） 2. 布法罗－葛朗台大楼（1894—1895） 3. 芝加哥－卡尔森斯科特商店（1899—1904）
弗兰克·劳埃德·赖特（美，1867 至 1959）	1.《建筑和机器》（1894） 2.《机器的工艺和艺术——致芝加哥宣言、美国革命之女》（1904） 3.《有机建筑》（1940） 4.《有机建筑语言》（1953）；《关于建筑的未来》（1953）

流派代表人	论著及代表作
弗兰克·劳埃德·赖特（美，1867至1959）	1. 伊利诺伊州奥克帕克－内森·摩尔别墅（1895） 2. 希尔斯别墅（1900）；托马斯别墅（1901）；哈特雷别墅（1902）；比奇别墅（1906）；罗比别墅（1909）；统一教堂（1906）；威斯康星州雷辛－哈迪住宅（1905） 3. 瓦克斯研究塔（1936）；宾夕法尼亚州贝伦－考夫曼别墅（1936）；亚利桑那州芬尼克斯－西塔里埃森－赖特别墅（1938至1959） 4. 麦迪逊第一唯一神教派教堂（1949）；加利福尼亚州旧金山－莫里斯商店（1949） 5. 俄克拉荷马州巴特尔斯威尔－普莱斯塔（1953）；马林县政府中心（1957）；纽约州古根海姆博物馆（1959）
吉尔·伊文（美，1870—1936）	被称为"有表现力的建筑艺术家"，作品有美国南方民居的真实美感
	加利福尼亚州洛杉矶－道奇住宅（1916）
罗伯特·梅拉德（瑞士，1872—1940）	是著名的钢筋混凝土结构专家、技术权威
	瑞士施舍尔－萨金纳鲁布尔大桥（1930）
伊利尔·萨里宁（芬兰出生的美国人，1873—1950）	《城市的成长、衰亡和未来》（1943）
	认为"建筑不仅是艺术品，它还应与外界空间关系和谐"。提出"建筑设计必须有完整的概念"
	密歇根州布鲁姆费尔德－艺术图书博物馆（1943）
沃尔特·格罗庇乌斯（德，1883—1969，移居英国、入籍美国）	1919～1928主持、执教包豪斯工艺艺术学院。致力于构件标准化、材料预制化和流水作业的探索。
	1. 波士顿哈佛大学研究生中心（1949） 2. 纽约泛美航空公司办公楼（1958） 3. 柏林汉萨区公寓式住宅（1959） 4. 波士顿市政中心－肯尼迪联邦大楼（1968）

续表

流派代表人	论著及代表作
威廉姆·杜多克（荷兰，1884—1974）	从事过多年军事工程，是荷兰希尔维瑟姆省（Hilversum）的城镇规划师
	荷兰希尔维瑟姆市政厅（1930）
密斯·凡·德·罗（德，1886—1969，入籍美国）	提出"少即多"格言。20世纪50～60年代全球风行玻璃幕墙，被称为"密斯风格"
	1. 西班牙巴塞罗那德国馆（1929） 2. 芝加哥伊利诺理工学院校园规划（1939） 3. 伊利诺伊州普兰诺－泛斯沃斯住宅（1950） 4. 伊利诺斯理工学院建筑系克朗楼（1952） 5. 纽约西格拉姆大厦（1958） 6. 古巴圣地亚哥－巴卡迪公司办公楼（1958）
	1.《明日的城市》（1925） 2.《建筑比例度》（1948） 3.《我的作品》（1960）
勒·柯布西耶（出生于瑞士的法国人，1887—1965）	提出"模度"理论，探索"夹层式居住空间"及"多米诺－板柱结构"，首创"二合一住宅"（有架空空间、鸡腿柱、屋顶花园等特点）
	1. 巴黎规划（1925） 2. 巴黎大学城瑞士楼（1932）；巴西里约热内卢教育与保健部（1936～1945）；瓦扬古久里纪念碑（1938） 3. 马赛公寓（1946～1952） 4. 印度昌迪加尔法院（1953）；法国朗香教堂（1955）；印度昌迪加尔会议厅（1956） 5. 波士顿哈佛大学木工中心（1964）；费尔米尼教堂（1965）
	提倡"装饰就是罪恶"

续表

流派代表人	论著及代表作
鲁道夫·辛德勒（奥地利，1887—1953）	加利福尼亚州新港罗福尔·比奇住宅（1926）
	赖特的长子，在风景景观设计方面有所成就
赖特·劳埃德（美，1890—1978）	加利福尼亚州帕罗斯弗迪斯—韦菲尔斯教堂（1951）
	考虑使用者和建筑师关系，注重综合处理相关因素，表现人性和个性
吉欧·庞迪（意，1891—1979）	考虑使用者和建筑师关系，注重综合处理相关因素，表现人性和个性
	意大利米兰—皮尔里塔（1956）
皮尔·卢吉·奈维（意，1891—1979）	1. 意大利罗马—普拉佐蒂罗运动场（1959） 2. 加利福尼亚州旧金山圣玛丽教堂（1971）
理查德·尼特拉（出生于奥地利的美国人，1892—1970）	专业知识深厚，设计精心，擅长写生和渲染，是 20 世纪美国的"种子建筑师"之一。其作品有明显的地方性特征
	1. 加利福尼亚州洛杉矶洛威尔住宅（1929） 2. 洛杉矶银湖—万德里乌研究住宅（1933～1964） 3. 科罗拉多州沙漠别墅
瓦勒斯·哈里森（美，1895—）	1. 纽约洛克菲勒中心—水道花园（1931～1940） 2. 纽约联合国总部（1947） 3. 宾夕法尼亚州匹兹堡—阿尔科阿大楼（1953） 4. 纽约林肯中心—大都会歌剧院（1962） 5. 康涅狄格州斯坦福—第一长老会教堂
S.O.M. 建筑师事务所	由斯克摩尔（Louis Skidmore）、奥英斯（Nathaniel Owings）、米瑞尔（John Merrill）于 1939 年在芝加哥创建。20 世纪 60 年代率先使用计算机辅助设计

续表

流派代表人	论著及代表作
S.O.M. 建筑师事务所	1. 纽约利弗公寓（1952） 2. 伊斯坦布尔希尔顿饭店（1955） 3. 旧金山人寿保险公司（1959） 4. 纽约曼哈顿银行（1961） 5. 中国香港新世界（1978） 6. 沙特阿拉伯约旦航空港（1980）
阿尔瓦·阿尔托（芬兰，1898—1976）	有高超的城市规划才能，以实惠的建筑细部处理得到业主好评；建筑作品有永恒的美感和时代观赏价值
	1. 波士顿 MIT 贝克宿舍（1947） 2. 俄勒冈安吉尔学院图书馆（1965～1970）
路易斯·I. 康（苏联爱沙尼亚，1901—1974，入籍美国）	1.《建筑是富于空间想象的创造》（1957）；《建筑：寂静和光线》（1957） 2.《人与建筑的和谐》（1974）
	1. 康涅狄格州纽黑文耶鲁大学艺术展厅（1959） 2. 加利福尼亚州拉霍亚索尔克学院（1963）；纽约州罗切斯特第一唯一神教派教堂（1964）；费城宾夕法尼亚大学理查兹医学研究大楼（1964）；宾夕法尼亚州布莱恩·玛尔学院学生宿舍（1965） 3. 辛罕布什尔—菲利普·艾克赛特研究院图书馆（1972）
爱德华·斯东（美，1902—1978）	1. 美国驻印度新德里大使馆（1954）；布鲁塞尔国际博览会美国展厅（1958） 2. 华盛顿肯尼迪演出中心（1971）；芝加哥标准石油公司大楼（1974）
马歇尔·布劳耶（匈牙利，1902—，入籍美国）	1924 年包豪斯毕业；1937 年入籍美国。擅长功能组织、空间构图、材料搭配、设备技术配合

续表

流派代表人	论著及代表作
马歇尔·布劳耶（匈牙利，1902—，入籍美国）	1. 巴黎联合国教科文总部（1958） 2. 明尼苏达州科勒吉维尔一圣约翰教堂（1960）；法国拉戈德 IBM 研究中心（1961）；华盛顿特区美国住房及城市发展部总部（1968） 3. 俄亥俄州克利夫兰艺术博物馆（1970）；康涅狄格州里奇菲尔德一斯蒂尔曼住宅（1972~1974）
布鲁斯·高夫（美，1904—）	重视功能选位，擅长非对称构形、非规则造型，力求材料、空间、结构达到完美统一
	俄克拉荷马州诺曼一贝文吉尔住宅（1950~1956）
菲利普·约翰逊（美，1906—）	20 世纪 50 年代以前推崇、模仿"密斯风格"，20 世纪 50 年代以后最先向路易斯·I. 康靠拢，后来转向后现代主义
菲利普·约翰逊（美，1906—）	1. 康涅狄格州新坎南一约翰逊住宅（1949） 2. 林肯州内布拉斯加大学一谢尔登纪念艺术展厅（1963） 3. 明尼阿波利斯 IDS 中心（1973）；纽约州尼亚加拉大瀑布会议中心（1974）；德克萨斯州休斯敦一彭佐尔广场大楼（1976）；宾夕法尼亚州艾伦顿一米伦伯格学院艺术中心（1977） 4. 纽约美国电话电报公司总部（1984）
	认为"视觉艺术是其创作源泉"。主张"在设计中追求曲线美"
奥斯卡·尼迈耶（巴西，1907—）	1. 巴西圣保罗三权广场（1958）；巴西利亚国会大楼（1958） 2. 巴西利亚大教堂（1970）
	说过"建筑设计是伟大的事业。要达到高水平，就要发奋努力并善于与有才能的人合作"

流派代表人	论著及代表作
弗兰西斯·赫尔姆兹（美，1907—）	1. 密苏里州圣路易－普莱瑞教堂（1962） 2. 与奥贝塔（Obata）、卡萨巴姆（Kassabaum）合作，华盛顿国家航空航天博物馆（1976）
	《标题——建筑师们的信息》（1963）
马克思·阿布拉姆威茨（美，1908—）	20 世纪 40 年代参与设计纽约联合国总部工程
	1. 美国驻古巴哈瓦那大使馆（1952） 2. 伊利诺伊州厄巴纳－伊利诺斯大学会议厅（1963） 3. 匹兹堡美国钢铁大楼（1971）
	1. 《小尺度预制件》（1941） 2. 《对理论的探索》（1966）
格里高利·安（美，1908—）	安的志趣是为中产阶级和低收入家庭作住区规划和住宅设计
	洛杉矶蒂尔曼住宅（1939）
威廉姆·佩雷拉（美，1909—）	注重功能、流线，同时以新艺术、雕塑方式象征、复活巴黎艺术学院－布扎体系的古典主义
	1. 圣地亚哥加州大学中心图书馆（1970） 2. 加州旧金山环美大楼（1972） 3. 洛杉矶西方储蓄中心（1973） 4. 洛杉矶国际机场
费雷斯·坎迪拉（西班牙，1910—，入籍美国）	既是工程师又是建筑师。
	1. 墨西哥 Ciudad 大学宇宙线实验室（1952） 2. 墨西哥墨西哥城纳瓦特－圣贞教堂（1953） 3. 墨西哥城赫契米柯餐厅（1958）
耶尔·萨里宁（出生于芬兰的美国人，1901—1961）	耶尔·萨里宁（Eero Saarinen）是伊利尔·萨里宁（Eliel Saarinen）的儿子，是最具创造性的工程师，其作品意境高远

续表

流派代表人	论著及代表作
耶尔·萨里宁（出生于芬兰的美国人，1901—1961）	1. 波士顿 MIT 克雷斯吉会堂和小教堂（1955）；密歇根州通用汽车公司技术中心（1956）；威斯康星州密尔沃基战争纪念艺术博物馆（1957）；康涅狄格州纽黑文耶鲁大学溜冰场（1958） 2. 伊利诺伊州莫林—约翰迪尔公司总部（1960）；耶鲁大学莫尔斯学院和斯泰尔斯学院（1962）；纽约环球航空公司肯尼迪机场候机楼（1962）；华盛顿特区杜勒斯国际机场候机楼（1963）；纽约林肯中心专用剧场和戏剧图书博物馆（1964）；路易斯安那州杰弗逊纪念拱门（1964）
山崎实（日本籍美国人，1921—）	《建筑的生命力》（1979）
	1. 底特律密执安那联合煤气公司办公楼（1963）；明尼阿波利斯西北国家人寿保险公司办公楼（1964） 2. 纽约世界贸易中心（1974） 3. 21 世纪国际博览会展览馆、新德里农业和贸易博览会美国馆等
胡夫·斯图宾斯（美，1912—）	《设计经验》（1976）
	1. 波士顿哈佛大学洛布戏剧中心（1960）；哈佛大学医学院康特威医学图书馆（1965） 2. 纽约西谛科普中心（1978）
丹下健三（日，1931—）	《日本传统建筑的创造性》（1972）
	丹下的观点：建筑设计既要保持传统又要革新；城市规划要新陈代谢
	1. 日本仓敷市政厅（1958～1960） 2. 东京海湾规划（1960）；东京奥林匹克国家运动场（1964） 3. 美国明尼阿波利斯综合艺术馆（1974）

流派代表人	论著及代表作
伯坦德·戈尔登伯格（美，1913—）	1932～1933 年师从密斯，之后与密斯决裂。他认为形式是可变的，寻求新型结构，强调社会学和心理学要素在建筑设计中的应用
	伊利诺伊州芝加哥玛瑞纳双塔公寓（1959）
拉尔夫·拉普森（美，1914—）	擅长草图写生，作品多采用直线和几何形体组合，形态动人，有机械美学和功能主义特征，被称为"唯情主义学派"
	1. 明尼阿波利斯—蒂龙·格斯里剧场（1963） 2. 明尼阿波利斯—西塞德广场公寓（1970—1975）；明尼苏达州莫里斯—明尼苏达大学人文艺术中心（1973）；威斯康伊州阿梅里—拉普森玻璃体住宅（1976）
吉哈德·卡尔曼（德，1915—，1936—1949 年住在英国，1945 年入籍美国）	作品兼有"新野兽派（New Brutulist）"和"严格构成派（Compositional Rigorist）"的双重特征。前者出现在柯布西耶的后期作品中，追求幻想和古怪。后者以路易斯·I. 康为领导，注重结构和机械系统产生的逻辑性、内在合理性
	1. 波士顿市政厅（1970） 2. 明尼阿波利斯—明尼苏达大学西岸学生活动大楼（1973）
亨利·卫斯（美，1915—）	设计范围很广，把设计重点放在解决建筑落位、历史关系、功能需求等特殊问题上
	1. 华盛顿特区圆岛舞台剧场（1962～1972）；印第安纳州哥伦布第一洗礼教堂（1965） 2. 芝加哥美国法院附属建筑（1975）
劳伦斯·哈普瑞（美，1916—）	曾受格罗庇乌斯和布劳耶指导，是美国风景设计、家具设计艺术大师
	俄勒冈州波特兰—爱乐广场瀑布（1961）

流派代表人	论著及代表作
约翰·朱汉森 （美，1916—）	俄克拉荷马州俄克拉荷马市哑剧剧场（1970）
	1. 华盛顿特区斯莱顿住宅（1962）；坎布里奇 MIT 格林地球科学中心（1964）；内布拉斯加州林肯银行（1965）；科罗拉多国家大气研究中心（1967） 2. 波士顿基督教科学教会中心（1973）；纽约州伊萨卡－康乃尔大学赫伯特·约翰逊艺术博物馆（1973）；波士顿约翰·汉考克大厦（1973）；华盛顿特区国家艺术展览馆东馆（1978） 3. 北京香山饭店（1982）
贝聿铭（中，1917—， 1935 年入籍美国）	《美国的建筑教育》（1962）
保罗·鲁道夫 （美，1918—）	1. 康涅狄格州纽黑文－耶鲁大学艺术及建筑系大楼（1958） 2. 纽黑文克劳福德老人住宅（1962）；波士顿政府服务中心（1963）
	曾受密斯和奈维指导，是芝加哥 S.O.M. 事务所的主力之一
梅隆·戈登史密斯 （美，1918—）	1. 旧金山机场飞机库 2. 芝加哥伊利诺理工学院生命科学楼和商业系楼 3. 亚利桑那州基特峰－太阳系望远镜（1962）
	研究现代城市经济、文化、能源等问题，主张保持生态平衡，实践未来城市构想——将城市和建筑集中设置于多层、巨大混凝土结构中，其观点被称为"生态建筑学（Arcologies）"
帕欧罗·索勒里 （意，1919—，1955 年移居美国）	1. 亚利桑那州斯科茨戴尔－扣山梯生土住宅（1956～1976） 2. 亚利桑那州阿科森地 5000 人住区（1970）
T.A.C 建筑师事务所	1945 年格罗庇乌斯创建主张在集体工作中充分发挥个人创造性
	1. 塞浦路斯－阿玛萨斯旅馆（1975）；波士顿肖姆特银行（1975）；南斯拉夫－伯纳丁避暑旅馆（1976）；科罗拉多杰弗逊－约翰·曼维尔世界总部（1976） 2. 华盛顿美国建筑师协会总部

流派代表人	论著及代表作
沃尔特·奈西 （美，1920—）	1947 年加入 S.O.M.。提出并实践"场地设计理论"——设置露天剧场，采用八角形平面，并逐层旋转、叠加，以楼梯创造转角形体等
	1. 科罗拉多－斯普林空军学院教堂（1964） 2. 芝加哥－芝加哥艺术学院东馆（1976）
凯文·洛克（爱尔兰出生的美国人，1922—）	创立规划空间论，强调内部庭院和屋顶花园设计
	1. 加利福尼亚州奥克兰博物馆（1961～1968） 2. 纽约福特基金会总部（1963～1968） 3. 康涅狄格州纽黑文哥伦布骑士团大楼（1965～1969）
约翰·波特曼 （美，1924—）	创造"共享空间"。1968 年成名，被认为是聪明绝顶、聚敛社会财富的能人
	1. 芝加哥海厄特里金斯·奥黑尔旅馆（1971） 2. 底特律文化复兴中心旅馆（1977）
布鲁斯·格拉哈姆 （美，1925—）	芝加哥 S.O.M. 骨干。从事大型商业建筑特种结构技术研究。1965 年建造"第二芝加哥学派"风格作品
	芝加哥约翰·汉考克中心（1970）
查理斯·摩尔 （美，1925—）	《论水在建筑中的角色》
	以社会学理论观念指导建筑设计，强调建筑中的社会性、人性、个人天性，创造"积木式"建筑设计方法
	1. 弗吉尼亚州圣巴巴拉－加州大学教工俱乐部（1969） 2. 圣克鲁斯－加利福尼亚大学－克鲁斯吉学院（1973）；弗吉尼亚州威廉斯堡－金斯米尔住宅（1974）；加利福尼亚州圣莫妮卡－伯恩斯住宅（1974）
古纳尔·布克特斯 （美，1925—）	受萨里宁影响，强调设计的综合性（探究设计题目本质）和直观性（表达设计本质问题所赋予的潜在意识），追求阳光进入室内所产生的反射效果
	1. 明尼苏达州德鲁斯公共图书馆（1968） 2. 明尼苏达州联邦储蓄银行（1970—1972）

流派代表人	论著及代表作
罗伯特·文丘里 （美，1925—）	《建筑的复杂性与矛盾性》（1966）
	接受布扎艺术体系教育，与"密斯风格"针锋相，提出"少就是少，多才是多"美学观点
	1. 宾夕法尼亚州费城－文丘里住宅（1962）；宾夕法尼亚州－切丝纳特·希尔住宅（1965）；新泽西州－瓦尔加博士医药办公室（1966）；新泽西州长滩岛－里布住宅（1966～1969） 2. 马赛诸塞州南塔科特岛－特卢贝克和威斯洛基住宅（1973）；康涅狄格州格林尼治－布兰特住宅（1974）；科罗拉多州威尔·布兰特住宅（1975）宾夕法尼亚州州立大学教工俱乐部（1976） 3. 宾夕法尼亚州安布勒－宾州北部家访护士协会
西萨·佩里（出生在阿根廷的美国人，1926—）	1.《开阔生活的城市》 2.《第三代建筑师》
	喜欢用直棂格子玻璃幕墙，建筑像玻璃雕塑一般，被称人为"光亮派""银色派"建筑师
	1. 加利福尼亚州圣贝纳迪诺市政厅（1969） 2. 印第安纳州哥伦布公用楼和法院（1970）；加利福尼亚州洛杉矶－太平洋设计中心（1971）；东京美国大使馆（1972）
赫伯·格瑞尼 （美，1929—）	发展弗兰克·劳埃德·赖特和布鲁斯·高夫"草原住宅"风格，实践"有机建筑"理论，主张使用天然－原始材料，反映原始文明
	1. 俄克拉荷马州斯奈德·乔伊斯住宅（1958） 2. 俄克拉荷马州诺曼·格林住宅（1961）；俄克拉荷马市坎宁安住宅（1963）
保罗·弗瑞德伯格 （美，1931—）	1.《城区公园重建规划》（1966）；《城市中的儿童游戏场》（1969） 2.《创造游乐地段》（1970）；《如何在城市内部发展新的开阔空间》（1975）。明尼苏达州阿波利斯－皮维广场（1978）

流派代表人	论著及代表作
詹姆斯·威恩斯 （美，1932—）	1969 年创办西特（Site－室外雕塑）公司，研究建筑与环境艺术的美化关系
	1. 加利福尼亚州萨克拉门托－诺奇大楼优良产品展览厅（1977） 2. 佛罗里达州海厄利亚优良产品展览厅（1979）
迈克尔·格雷夫斯 （美，1934—）	创建当代建筑美学理论。强调直觉印象，注重表现多层次空间、结构、色彩，以隐喻符号象征和反映文化
	1. 新泽西州普林斯顿－舒尔曼住宅（1976） 2. 明尼苏达州－法戈和北达科他－法戈－穆黑德文化中心桥（1977）
理查德·迈耶 （美，1934—）	曾在 S. O. M. 工作并与布劳耶合作过。秉持"顺应自然"理论，以色质表达白色建筑与绿色环境的和谐关系
	1. 康涅狄格州达里安－史密斯住宅（1967） 2. 密歇根州哈伯斯普林－道格拉斯住宅（1974）纽约州布朗克发展中心（1976）；印第安纳州纽哈莫尼－学术协会（1979）
威廉姆·腾布尔 （美，1935—）	曾师从路易斯·I. 康，是一位理论学派的建筑师
	弗吉尼亚州费尔法克斯－齐默尔曼住宅（1975）
克里斯托弗·亚历山大（奥地利出生的英国人，1936—）	1.《走向人文主义的新建筑》 2.《建筑形式的综合性注解》 3.《城镇·建筑·构造——建筑模式语言》 4.《永恒的建筑（或建筑的永恒之道）》
	认为城市交通的"时间"比"距离"更重要，提出平行右转单行交通体系。以"几何图解方法"说明原始城市是格子状的，现代城市是树

续表

流派代表人	论著及代表作
查尔斯·格兹梅 （美，1938—）	迈克尔·格雷夫斯、彼得·艾森曼、查尔斯·格兹梅、约翰·海杜克、理查德·迈耶组成"纽约五"。格兹梅认为建筑设计没有固定程式；有"文艺创作—形式主义"和"自然抽象—象征主义"两种思想
	1. 纽约阿玛甘塞特—格瓦斯梅尔住宅（1965～1967） 2. 纽约阿玛甘塞特—科恩住宅（1973）；纽约西汉普顿—基斯莱维斯住宅（1977）
罗伯特·斯特恩 （美，1939—）	1.《美国建筑艺术的新方向》 2.《在现代主义的边缘上》 3.《既不是空间又不是房间》 4.《一对后现代主义》
	斯特恩申明：1. 装饰不是罪恶；2. 建筑重复前人的经验，这就是历史；3. 建筑要从属周围环境，而不是超越它；4. 建筑设计要有思想性，通过建筑传递思想意图；5. 建筑是讲述故事的传播艺术
	康涅狄格州华盛顿—郎住宅（1974）

3. 当代理论

查尔斯·詹克斯（英）、卡尔·克罗普特（美）在《当代建筑的理论和宣言》中指出：继"现代主义"之后，西方建筑创作出现"后现代主义""晚期现代主义""解构主义"等思潮以及"低技派""高技派"等流派（表 1-4-4～表 1-4-8）。

表 1-4-4　后现代主义建筑师（1955～1996 年）

流派代表人	论著及代表作
詹姆斯·斯特林 （英，1926—1992）	1.《从加尔什别墅到雅乌尔别墅：1927～1953 年作为国家建筑师的勒·柯布西耶》（1955） 2.《朗香教堂：勒·柯布西耶的教堂和理性主义危机》（1956）
	1. 莱斯特工程馆（1964） 2. 斯图加特新州立美术馆（1983）；伦敦克洛画廊（1985）

续表

流派代表人	论著及代表作
凯文・林奇（美，1918—1989）	1.《城市意象》（1960） 2.《此地何时?》（1972）；《区域感的处理》（1976） 3.《一个有关美好城市形象的理论》（1981）
约翰・哈布雷肯（荷兰，1928—）	《支撑结构：代替密集型建筑》（1961）
简・雅各布斯（美，1916—）	1.《美国大城市的生与死》（1961）；《城市经济》（1969） 2.《生存系统》（1992）
阿尔多・凡・艾克（荷兰，1918—）	《"十次小组"启蒙书》（1962）
	Team 10 活动期 1953—1981；组织核心成员有雅各布・巴克马（荷）、乔治・坎迪亚斯（希）、贾恩卡洛・德・卡洛（意）、阿尔多・凡・艾克（荷）、埃里森・史密斯与彼得・史密斯（英）、沙德拉赫・伍兹（美）等
	1. 阿姆斯特丹儿童之家（1960）；阿纳姆雕塑庭（1966） 2. 兹沃勒公寓（1977）
克里斯托弗・亚历山大（英，1936—）	1.《（建筑）形式的合成（综合性）注释》（1964）；《城市不是树》（1965） 2.《建筑的永恒之道》（1979） 3.《城镇，建筑，构造——建筑模式语言》（1981）；《俄勒冈实验》、《林茨咖啡馆》等
克里斯蒂安・诺伯格－舒尔茨（挪威，1926—）	《建筑意向》（1965）
阿尔多・罗西（意，1931—）	1.《城市建筑学》（1966） 2.《科学的自传》（1971）；《模拟建筑》（1976）
罗伯特・文丘里（美，1925—）	1.《建筑的复杂性与矛盾性》（1966） 2.《向拉斯维加斯学习》（1972，与丹尼斯・斯科特・布朗、斯蒂芬・艾泽努尔合著）

流派代表人	论著及代表作
查尔斯·詹克斯 (英，1939—)	1.《符号学与建筑》(1969) 2.《局部独立主义》(1972，与内森·西尔弗合著)；《后现代主义建筑的崛起》(1975) 3.《迈向激进的折中主义》(1980) 4.《后现代建筑的13点主张》(1996)
贾恩卡洛·德·卡洛 (意，1919—)	《建筑学的公众性》(1970)。
	倡导"参与式设计"，参加"十次小组"，反对现代主义的抽象、独裁
罗伯·克里尔（卢森堡，1938—)	《城市空间》(1975)
柯林·罗（英）	《拼贴城市》(1975，与弗瑞德·科特合著)
约瑟夫·里克沃特 (瑞士，1926—)	《装饰不是罪过》(1975)
	曾师从于瑞士现代建筑历史学家西格弗里德·吉迪恩
黑 川 纪 章 (日，1934—)	1.《建筑中的新陈代谢》(1977) 2.《共生哲学》(1987)
	1. 东京中银舱体楼 (1972)；大阪索尼大厦 (1973)；福冈银行本店 (1975) 2. Bunraku 国家剧院 (1981)；广岛时代艺术博物馆 (1986)
查尔斯·W. 穆尔 (美，1925—1993)	《人体，记忆与建筑》(1977，与肯特·C. 布鲁默合著)
莱昂·克里尔（卢森堡，1946—)	《理性建筑：城市的重建》(1978)
安东尼·维德勒 (意)	《第三类型学》(1978)
多洛雷丝·海登 (美)	《没有性别歧视的城市是什么样子？对房屋，城市设计和人类分工的思考》(1980)

续表

流派代表人	论著及代表作
保罗·波托盖西 （意，1931—）	《禁欲主义的终曲》（1980）
西特—室外雕塑 （纽约建筑—环境艺术工作室）	《关于西特哲学的注解》（1980）
	工作室有埃米利奥·苏泽、艾利森·斯凯、朱歇尔·斯通等成员
迈克尔·格雷夫斯 （美，1934—）	《象征性建筑风格的一个实例》（1982）
	迈克尔·格雷夫斯、彼得·艾森曼、查尔斯·格兹梅、约翰·海杜克、理查德·迈耶组成"纽约五"
	1. 新泽西—普劳克住宅（1977） 2. 俄勒冈—波特兰公众服务中心（1982）；肯塔基—路易斯维尔慈善医疗机构（1984） 3. 佛罗里达—迪士尼乐园建筑（1992）
奥斯瓦尔多·马赛厄斯·翁格尔斯 （德，1926—）	1. 《宣言》（1960，本文与莱因哈德·吉泽尔曼共同发表） 2. 《建筑主题》（1982）
肯尼思·弗兰普顿 （美，1930—）	1. 《关于批判地域主义：保守建筑的六要点》（1983） 2. 《满足秩序的要求，构造案例》（1990）
卢西恩·克里尔 （比利时，1927—）	《建筑的复杂性》（1983）
	倡导"参与式设计"
	卢万—天主教大学辅助医疗系建筑群
孟菲斯（奥地利）	《孟菲斯理论》（1984）
史蒂文·霍尔（美）	《固定》（1989）
弗兰克·O. 盖里 （美，1929—）	1. 《自宅》（1991） 2. 《巴黎，美国文化中心：一次采访》（1993）
	圣莫尼卡自宅（1978）
长谷川逸子 （日，1941—）	《建筑——另一种自然事物》（1991）
	常用多孔金属材料，擅长于创造新人文景观

流派代表人	论著及代表作
埃里奇·欧文·莫斯（美，1943—）	《你能告诉我什么样的真理?》（1991） 1. 洛杉矶 Petal 住宅（1982）；洛杉矶国家大道 8522 号大楼（1988）；欧文 Central Housing Office Biulding（1989） 2. 莎米特大楼（1996）；皮塔尔·叙利旺（1997）
杰弗里·基普尼（美，1951—）	1. 《在尼采的风格里》（1990） 2. 《建筑思想中的策略》（1991，与他人合著） 3. 《致新建筑：交迭学说》（1993）
格雷格·林恩（美，1964—）	《建筑的曲线：交迭的、弯曲的和柔韧的》（1993）
矶崎新（日，1931—）	《岛国美学》（1996）

表 1-4-5　后现代—生态主义建筑师（1969～1996 年）

流派代表人	论著及代表作
伊恩·麦克哈格（英，1920—）	《设计结合自然》（1969）
西姆·范·德莱（美）	《整体设计—整体城市住宅》（1979，与斯特林·邦奈尔合著）
安妮·维斯顿·斯普林（美，1947—）	《花岗石的花园》（1984）
南茜·杰克·托德（美）	《生物建筑、海洋方舟和城市农业：生态学作为设计的基础》（1984，与约翰·托德合著）
	南茜·杰克·托德、约翰·托德、威廉·O. 马克兰 20 世纪 80 年代创办新炼丹术研究会
哈桑·法赛（埃及，1899—1989）	《天然能源与地方建筑》（1986）
杨经文（马来西亚）	1. 《热带的城市地方主义》（1987） 2. 《生物气候摩天大楼》（1994）
克里斯托弗·戴（美）	《灵魂的场所》（1990）

续表

流派代表人	论著及代表作
詹姆斯·瓦恩斯（美）	《建筑的宣言》（1990）
象设计集团（日，1971创立）	《设计的原则》（1991）
	组织有村庆子、木通口宏泰、大竹小市、重村力、富田伶子等创立者
布兰达·威尔、罗伯特·威尔（英）	1.《自治的房屋》 2.《绿色建筑》（1991）
威廉·麦当诺（美）	《汉诺威原则》（1992）
彼得·高霍（美，1949—）	1.《可持续的社区》（1986，与希姆·凡·德.瑞合著） 2.《步行区》（与希姆·凡·德·瑞合著） 3.《下一个美国都市》（1993）
希姆·凡·德·瑞、斯图尔特·考沃（美）	《生态设计》（1996）

表 1-4-6　乡土派—新地域主义建筑师（1969～1994年）

流派代表人	论著及代表作
哈桑·法赛（埃及）	《穷人的建筑》（1969，原题：古尔纳两个乡村的历史）
罗伯特·马奎尔（英，1931—）	《传统的价值》（1976，原题：平凡中有什么?）
大卫·沃特金（英）	《道德与建筑》（1977）
AAM（美国博物馆协会）	《欧洲城市的重建》（1978，出现在"布鲁塞尔宣言"中）
	AAM 与莫里斯·库洛特、莱昂·克里尔有紧密联系

流派代表人	论著及代表作
莫里斯·库洛特（比利时）	《用石头重建城市》（1980）
季米特里·波尔菲里奥斯（希腊，1949—）	《古典主义不是一种风格》（1983）
莱昂·克里尔（卢森堡）	《建筑物和建筑学》（1984）
罗伯特·AM.斯特恩（美，1939—）	《关于风格、古典主义和教学法》（1984）
	罗伯特·AM.斯特恩、查尔斯·摩尔、罗伯特·文丘里等被称为"灰色派"
威尔士王子殿（英）	1.《皇家建筑师学会祝词》（1984） 2.《大厦演讲》（1987） 3.《美国印象》（1989）
亚历山大·楚尼斯、利亚纳·勒费夫尔（希腊）	《批判的古典主义》（1986，本书选自于"古典建筑：秩序的诗学"一文）
安德里亚斯·杜埃尼、伊丽莎白·普莱特·紫伯克（美）	《传统社区发展法令》（1989）
昆兰·特里（英，1937—1973）	《建筑和神学》（1989）
城市村庄团（英，1989成立）	《城市村庄》（1992）
	克里斯托弗·亚历山大、莱昂·克里尔、伊丽莎白·普莱特·紫伯克等为组织顾问
艾伦·格林伯格（美，1938—）	《为什么古典建筑是时髦的》（1994）
罗杰·斯科卢顿（美）	1.《建筑美学》（1980） 2.《虚无主义时代的建筑原则》（1994）

表 1-4-7　晚期现代主义建筑师（1954～1994 年）

流派代表人	论著及代表作
菲利普·约翰逊（美，1906—）	1.《现代建筑的七个支柱》（1954） 2.《促使我赞同的东西》（1975）
	1. 与密斯合作西格拉姆大厦 2. 新迦南玻璃房（1949） 3. 纽约美国电话电报公司大厦（1978，与约翰·伯奇合作）
艾利森·史密森（英，1928—1993）、彼得·史密森（英 1923—）	1.《新野兽主义建筑》（本文 1955 年在《建筑设计》中出现，西奥·克罗斯比撰写序言） 2.《"十次小组"启蒙书》（1962）
	该组织有雅各布·巴克马、乔治·坎迪亚斯、贾恩卡洛·德·卡·洛、阿尔多·凡·艾克、沙德拉赫·伍兹等成员
保罗·鲁道夫（美，1918—）	《建筑形式的六个决定因素》（1956）
	1. 耶鲁大学美术－建筑大楼（1963） 2. 纽约图形艺术中心（1967）
雷纳·班纳姆（英）	1.《第一次机器时代的理论和设计》（1960） 2.《环境优良的建筑》（1969）
锡德里克·普赖斯（美，1934—）	1.《活动和变化》（1962） 2.《无规划》（1969，与雷纳·班纳姆、彼得·霍尔、保罗·巴克合著）
克里斯多弗·亚历山大（英）	《形式的合成注释》（1964）
阿基格拉姆（英）	《一般结构》（1964）
	该组织有彼得·库克、丹尼斯·克朗普顿、罗恩·赫伦等成员
约翰·海杜克（美，1929—）	1.《声明》（1964） 2.《一个建筑师的思考》（1986）
	迈克尔·格雷夫斯、彼得·艾森曼、查尔斯·格兹梅、约翰·海杜克、理查德·迈耶组成"纽约五"

流派代表人	论著及代表作
桢文彦 （日，1928—）	1. 《集体行使调查》 2. 《巨厦》（1964）
超级工作室（佛罗伦萨，1966 成立）	《微观事件/微观环境的描述》（1966） 该组织有皮耶罗·弗拉西内利、亚历山德罗·马格里斯、罗伯托·马格里斯、阿道夫·纳塔利尼、亚历山德罗·波利、克里斯蒂亚诺·托拉尔多·迪·弗朗西亚等成员
彼得·库克（英）	《一个英国城镇的变形》（1968）
路易斯·I. 康 （美，1901—1974）	《宁静和光线》（1969） 1. 孟加拉国达卡议会大厦（1962，未建成） 2. 费城医学研究大楼（1964） 3. 纽约罗切斯特唯一神教教堂（1964） 4. 加利福尼亚拉霍亚—索尔克学院实验室（1965）
彼得·艾森曼 （美，1932—）	1. 《薄纸板建筑》（1972）；《后功能主义建筑》（1976） 2. 《古典时代的终结：尽头的结束，开始的结束》（1984） 3. 《视野的开展：电子传媒时代的建筑》（1992）
曼弗雷多·塔夫里 （意）	《建筑和乌托邦》（1973） 威尼斯建筑师自由小组有卡洛·艾莫尼诺、乔治·格拉西、阿尔多·罗西、朱佩·萨莫纳、曼弗雷多·塔夫里等成员
伦佐·皮亚诺（意，1937—）、理查德·罗杰斯（英，1933—）	《声明》（1975，与约翰·海杜克1964年的声明不同） 伦佐·皮亚诺与理查德·罗杰斯1970年开始合作，1971年在博布格尔广场竞赛中获得一等奖 1. 意大利科莫 B&B 办公楼（1971） 2. 伦敦阿斯顿马丁拉戈达办公楼（1973） 3. 巴黎阿库斯迪克研究—合作办公楼（1977） 4. 巴黎蓬皮杜中心（1977）
莱昂内尔·马奇 （英）	《设计的逻辑和价值问题》（1976） 20世纪70年代，马奇协助莱斯利·马丁爵士建立"土地利用—建筑形式"研究中心即马丁中心 伦敦劳埃德大厦（1984）

续表

流派代表人	论著及代表作
理查德·罗杰斯（英）	对建筑的观察（1985）
肯尼思·弗兰普顿（美）	《满足秩序的要求，构造案例》（1990）
安藤忠雄（日，1941—）	《建筑视野之外》（1991） 1. 芦屋（Ashiya）的 Koshino 住宅和工作室（1984） 2. Tomamu 水的教堂和剧场（1987） 3. 姬露（Himeji）儿童博物馆（1989）
彼得·赖斯（英，1935—1992）	《工程师的任务》（1994） 彼得·赖斯 1956 加入奥韦·阿鲁普事务所 1. 悉尼歌剧院（1973 竣工）；巴黎蓬皮杜中心（1977） 2. 伦敦劳埃德大厦（1984）；巴黎拉维莱特国家科学科技工业博物馆（1984）
伊恩·里奇（英）	《结合性好的建筑》（1994） 伊恩·里奇在迈克尔·霍普金斯建筑师事务所、奥韦·阿鲁普事务所，与彼得·赖斯一起担任顾问 1. 巴黎拉维莱特国家科学科技工业博物馆（1984）；巴黎林塔河悬挂式玻璃桥（1985） 2. Stockley 公园 B8 大楼（1990）；法国艾伯特文化中心（1990）；马德里蕾娜·索菲娅现代艺术博物馆（1990，与卡斯特罗、翁宗诺共同修建）

表 1-4-8　新构成主义—解构主义建筑师（1976—1994 年）

流派代表人	论著及代表作
彼得·艾森曼（美）	1. 《后功能主义建筑》（1976） 2. 《古典时代的终结：尽头的结束，开始的结束》（1984） 3. 《视野的开展：电子传媒时代的建筑》（1992）
伯纳姆·屈米（瑞士，1944—）	1. 《建筑的乐趣》（1977） 2. 《曼哈顿手稿》（1981）

流派代表人	论著及代表作
库珀·希墨尔布劳（奥地利，1942—）	1.《宏伟废墟的将来》(1978) 2.《建筑必须绚烂夺目》(1980) 3.《我们的身躯在城市中消失》(1988，本文出现在《城市的力量》和《建筑的终结》中)
	1968 年希墨尔布劳与沃尔夫·普里克斯（Wolf Prix，奥地利，1942—）、赫尔穆特·斯维津奇（Helmut Swiczinsky，波兰，1944—）创建"蓝天合作社"
	1. 维也纳—里斯酒吧（1977） 2. 维也纳红色角（1981） 3. 维也纳—鲍曼摄影室（1984）
雷姆·库哈斯（荷兰，1944—）	1.《疯狂的纽约：曼哈顿的再生宣言》(1978) 2.《都市化怎么啦？》(1994) 3.《大：或是过大而带来的问题》(1994)
	1972 年库哈斯与马德隆·弗里森多普、伊莱亚·曾格赫斯、措埃·曾格赫里斯成立"都市建筑研究会（OMA）"。"疯狂的纽约"和"曼哈顿主义"是其研究成果
丹尼斯·李贝斯金（波兰，1946—）	1.《终结空间》(1979) 2.《无创造性的标志》(1983) 3.《倒置 X》(1991)
	曾师从约翰·海杜克学习建筑历史和理论
扎哈·哈迪德（伊拉克，1950—）	1.《随机对任意》(1982) 2.《89°》(1983)
	1977—1987 年哈迪德是"都市建筑研究会（OMA）"成员、小组骨干
约翰·海杜克（美）	1.《声明》(1964) 2.《一个建筑师的思考》(1986)
	迈克尔·格雷夫斯、彼得·艾森曼、查尔斯·格兹梅、约翰·海杜克、理查德·迈耶组成"纽约五"

续表

流派代表人	论著及代表作
杰弗里·基普尼斯（美）	《无理性形式》（1988）
马克·威格利（美）	《解构主义建筑》（1988）
威尔·艾尔索普（诺坦普顿，1947—）	《朝向实用乐趣的一种建筑》（1993）
汤姆·梅恩（美，1944—）	《相连的孤立》（1993）
	梅恩 1976 年与迈克尔·罗通迪建立形态小组，把复杂性和多样性融合在一种动态平衡的结构秩序中
	1. 洛杉矶 2468 建筑（1978） 2. 加利福尼亚州威尼斯—赛德拉克住宅（1980） 3. 洛杉矶凯特·曼迪利尼餐厅（1986）
利伯斯·伍兹（美，1940—）	《宣言》（1993）

（二）理论的关联性

按照关联性来划分，理论有"本体理论""交叉学科理论""方法学理论"。

"本体理论"是建筑学与其他自然科学、社会科学"第一次交融"所形成的知识体系。此类理论主要研究和解决建筑功能、技术、形式的关系问题。

"交叉学科理论"是建筑学与其他自然科学、社会科学"第二次交融"所形成的知识体系。作为"本体理论"的延伸与发展，此类理论主要研究和解决建筑与社会、环境的关系问题，让我们"换位思考"，我们应当给予关注。

"方法学理论"是一种指导实践、评价成果的理论。此类理论在实践中主要研究和解决思维拓展、策略制定、运作过程及结果控制等问题，它包含"专业性方法""综合性方法""普适性方法"三个层面的研究课题（表 1-4-9）。

表 1-4-9 "3＋6＋4"理论体系分类及示例

系统分类		相关议题及关键词	相关理论示例
本体理论	美学	审美意象与意向、形式美的认知、形象审视、建筑语言、艺术创作与评价等	完美几何；画法几何与阴影透视；对称；人体尺度与黄金分割比；内在摹仿与同质异构；装饰；形式美法则等
	形态学	景物的空间构图、平面构形、形体造型、形态变异等问题	分形与维度；拓扑与模糊；空间透明性与流动性；深层结构与表层结构；形式生成与转换法则；条形码与层构成等
	类型学	分类原则与方法；原型与类型；共性与个性；类比与类推；范式与图式；模型与模式等问题研究	系统部类论、新功能论、正负论、创作层次论；阅读城市；拼贴城市；城市的母体与标志；城市设计；城中城设计等
交叉学科理论	人类文化学	对文化（精神）与文明（物质）、社会（共时性）与时代（历时性）的审视，对天地、人物、物我关系的思辨	文化中心与边缘、文化传播与文明象征；宅形与文化；社区特征及其建构条件；聚落营造；生态学；人居环境科学等
	现象解析学	对文本、现象、心象、物象、景象等问题的审视	领域特性及其管控机制；场所精神；城市意向；体验建筑；消费主义；负建筑；建筑的小、中、大、加大等
	行为心理学	对视觉、心理、交往、场景、场所体验及营造的思考	完形心理；形象构造与图式发展原则；视觉引力与视觉引力场；图底关系、线性联系、场所特质等

系统分类		相关议题及关键词	相关理论示例
交叉学科理论	行为心理学	对视觉、心理、交往、场景、场所体验及营造的思考	完形心理；形象构造与图式发展原则；视觉引力与视觉引力场；图底关系、线性联系、场所特质等
	语言符号学	语源与符号、语音与标志、语法语构与符构、语用与符用、语义与符义、语境与象征的关联性思考	图像性、标识性、象征性符号；符号的能指与所指、表形与表意；符号的生成与转换法则、二元对立法则；一次符义与二次符义；符用中和等
	新闻评论学	特定话语权、语境、语意中的理论综述与案例评述	现代主义与晚期现代主义；后现代主义与新理性主义；构成主义与结构主义与解构主义；地域主义与批判性地域主义等
	信息传播学	有关信息传播者、受众者、传播媒介、传播途径、信息量评价的研究	把关人；信息传播模式；受众心理、社会模仿与魔弹、超越性动机与本能、指向性与集中性注意、认知不一致；信息冗余与"熵"等
方法学理论	规划学	对地理学、社会学、生态学、经济学的信息整合与形体环境规划	有机疏散；邻里单位；功能区划；区位、地租与竞租；交通可达性与 TOD 模式；城市空间结构及体形环境发展模式；综合性规划、分离渐进、混合审视、连续性规划、倡导性规划等
	策划学	产地、产品、产业的定性、定量、定型分析及评价	实态调查与客源市场需求；产品业态配置与形象策划；产地区位与产品形态效应；产业链与产业集群与构建；SWOT 分、HECTTEAS 分析等
	设计学	对象与问题、条件与关系、过程与程序、策略与方法	感性经验与理性实证；图示图解；庇护所与工程安全性、文物与文化价值观再现、产品与经济实效性；非线性设计；创新思维与创意产业等
	建构学	人、材料、构件、结构、构造、工艺	民间智慧体系及其营造、建造、建构模式；重情派与重技派；模式语言；十次小组；SAR 支撑体与填充体；图坊、工作室、事务所体制等

(三) 理论的操控性

按照操控性来划分，理论有规划学、策划学、设计学、建构学等方面的方法学理论（图 1-4-1）。

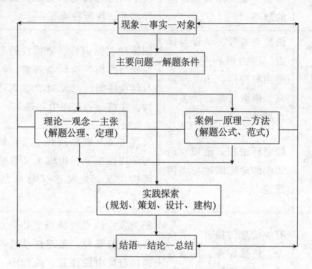

图 1-4-1　理论—案例—实践的体系模式

1. 理论的产生、形成和发展

众所周知，建筑学是历史人文与科学技术相互交融而形成的交叉学科，由理论及实践两个部分组成。

我们已经无法也没必要去考证：鸡与鸡蛋的关系是"先有鸡"还是"先有蛋"。但我们可以肯定理论的形成及发展规律是：对象认知→概念归纳→知识总结→原理运用→理念提出→实践探索→理论校对→理论升华。可以说：实践是理论的基础，理论是知识、原理、经验的总结升华。理论应当具有针对性、研究性、说理性等特点，同时应当具备一定的构建条件——"以客观事实作立论""以相关知识、理性原则和科学方法作推论""揭示有价值和意义的科学知识及其发展规律"。

2. 理论的价值、作用和意义

理论的价值体现在学术和技术两个方面。学术价值方面，需要我们以文字的方式，揭示某些学科发展的客观规律。技术价值方面，需要我们以文字、数据、图表的方式，提出实践探索的行为准则或技术手册、导则。

理论在"校对方向""指导实践""检验成果"等方面有一定的作用。比如实践探索之前，理论具有提示作用。实践探索之后，理论具有校对作用。

3. 研究、学习和把握理论

研究建筑理论及实践有历时性（时代性）和共时性（地域性）两条线索。学习理论的目的和意义在于提高建筑师的学识素养和解题能力。学习有"书本学习""经验交流""实践总结"三种方法："书本学习"应当避免"理论先行""理论万能""理论永恒"等学习误区。"经验交流"应当知己知彼、去伪存真、脚踏实地。"实践总结"应当理论联系实际，把握理论与实践的动态关系。

第二章　独特魅力下的建筑学

建筑学是建筑理论领域最为重要、最为基础的研究方向，主要研究建筑物以及周边空间环境。建筑学涉及两大方面：技术与艺术。具体而言，建筑学不仅包括了建筑艺术的理论与实践，还包含了建筑设计的创作手段。而影响建筑学技术与艺术的是社会中的人，因而会受到社会背景的影响。现如今，当代建筑学所涉及的内容与形式都得到进一步的扩充与完善，并在理论研究与实践活动中发挥着其独特的魅力。

第一节　建筑美学

美学自 18 世纪诞生以来，与艺术领域的众多分支产生了深度融合，而建筑领域正是受美学影响最深的艺术形式之一，建筑美学便出现在建筑领域理论中，它融合了美学与建筑学的核心内容，并在此基础上探索建筑领域里的审美问题。不同时期的建筑美学都对建筑的发展起到了积极促进的作用，尤其是当代建筑美学极大地推动了当代建筑领域的变革。

一、建筑美学概述

（一）延绵发展的美学

1. 美学的概念

在西方文化、艺术的概念中，近代美学被界定为研究艺术美的视觉感观及心理感受的"感性学"。现代美学被界定为研究艺术创作认识论、并研究艺术创作方法论的"艺术哲学"。当代美学被界定为研究、分析和描述审美心理及美感经验的"艺术评论学"。

2. 美学的体系框架

（1）古代人类社会的美学体系。原始社会到中世纪，美学体系发展处于萌芽时期，古代哲学家从感知层面上提出四种具有代表性的美学学说。

① "美在形式" 学说。毕达哥拉斯及毕达哥拉斯学派认为 "无论是解说外在物质世界，还是描写内在精神世界，都离不开数学"。数字具有代表性、象征性，如阿拉伯数字 1 代表第一原则，万物之母、智慧；而阿拉伯数字 2 代表对立和否定原则、意见等。因此，毕达哥拉斯学派提出 "有限与无限" "单一与多元" "奇数与偶数" "正方与长方" "善与恶" "明与暗" "直与曲" "左与右" "阴与阳" "动与静" 10 项对立矛盾关系。

毕达哥拉斯学派还认为：美与事物形式所表现出来的均衡、对称、比例、和谐、多样、统一分不开，甚至说过 "一切立体图式中最美的是球形，一切平面图式中最美的是圆形"。因此，毕达哥拉斯学派提出黄金分割比定律，即 $a : b = (a+b) : a$。这些观点一直到近现代仍为许多美学理论家所接受。

可以说，毕达哥拉斯学派是第一个提出 "美在形式" 学说的学派。

② "美在典型" 学说。"美很难说清楚!" 这是苏格拉底曾经说过的话。这是由于美包含了社会意识形态、物质技术手段。

苏格拉底认为："恰当就是美"；"美的东西就是最适于其用途及目的的东西" ——美是有用的、有益的、由视觉和听觉所感受到的快活。这是一种 "益美说" 观点。而且在苏格拉底眼中，画家在创作时应当 "从许多人物形象中把那些最美的部分提炼出来，从而使所创造的整个形象显得极美丽"。可以说，这就是 "美在典型" 学说的主旨。

③ "美在理念" 学说。柏拉图在《大希庇阿斯篇》中讲述过一个发生在距今 2400 多年前、有关苏格拉底与诡辩家希庇阿斯讨论 "什么是美？什么又是丑？" 的故事。据说，这是人类最早开始用文字记载关于对美的思考。

有人说，美学产生于柏拉图的提问 "什么是美？"。柏拉图所问的美，不是具体的美的事物，而是使一切美的事物之所以美的根本原因。柏拉图比较了许多有关美的看法后，十分感慨地承认：我得到了一个益处，那就是更清楚地了解一句谚语—— "美是难的"。

柏拉图无法说清楚什么是美。同时，他又认为："美的本质是理念" "美的本质在于理念，只有这种理念才是真正的、永恒的美，才是一种具有客观意义的实在"。因此，柏拉图提出 "美在理念" 学说——仅仅从形式来规定美的本质，无法解释许多复杂事物与美的关联性，事物中蕴含着的美的理念。

④"美在本质"学说。亚里士多德说过:"美的本质就在于客观事物的本身,依靠体积安排,贵在真实"。提出"美在本质"学说,同时提出"内在摹仿"主张,即摹仿现存客观事物的外在形态及内在结构。

(2)近代人类社会的美学体系。中世纪至18世纪中叶,西方美学体系处于创建时期,近现代哲学家、社会学家分别从哲学、社会学角度提出各种美学观点及主张。

①人文主义美学体系。17世纪末至18世纪中叶,启蒙运动的启蒙思想家、法学家孟德斯鸠以及伏尔泰从人文主义角度出发,主张创建"统一的文艺共和国",为文艺创作奠定基础条件。有关美的认识和思考,孟德斯鸠说过"美的眼睛就是大多数眼睛都像它那副模样"——眼睛既表述了人的面部特征,又说明了人的内在心灵,它具有典型性和代表性,我们需要用眼睛去发现美,进而去塑造美。孟德斯鸠的这种说法延展了苏格拉底的"美在典型"学说,并为其提供了重要的理论依据。

狄德罗批判古典主义的清规戒律,颂扬原始、粗犷、真实、强烈的人文气质及文艺创作方法。在美学研究方面,狄德罗是"美在关系"学说的创导者。狄德罗表示:"人们对美的本质的把握,应当突破个别因素、个别事物,着眼于事物内部的关系、事物与事物之间的关系。所以,关系不同,事物的审美价值也就有了变化"。

②唯心主义美学体系。18世纪初,德国哲学家戈特弗里德·威廉·莱布尼兹说过:"画家和其他艺术家尽管很清楚地意识到什么好、什么不好,但往往不能为自己的这种审美趣味找出理由来。如果有人问他们,他们会说自己不欢喜的那种作品缺乏一点儿'我说不出来的什么'。"

18世纪中叶,德国普鲁士哈利大学的哲学教授孙亚历山大·戈特利布·鲍姆加登,在1750年出版的《美学》中,第一次把逻辑学与感性学或美学区分开来。鲍姆加登认为:人的心理活动有知、情、意三个方面。逻辑学负责研究人的知性或理性认识;感性学负责研究人的感性认识,相当于研究人的情感;伦理学负责研究人的意志。

在鲍姆加登看来,美学的研究对象是美。美学作为研究低级感性认识的科学理论,其任务就是研究艺术美,完善人对艺术美的感性认识。

(3)现代人类社会的美学体系。18世纪末至19世纪中叶,西方美学体系处于系统化发展阶段,与美学密切相关的哲学、伦理学和文艺学讨论议题发生转变,即由本体论逐步转向认识论。此时期出现德国古典主义美学、马克思主义美学、西方现代美学。

①德国古典主义美学体系。

a. 主观唯心主义美学：

伊曼努尔·康德撰写过《纯粹理性批判》《判断力批判》《实践理性批判》三大批判性哲学论著。

在《判断力批判》中，康德提出并论证了一系列美学根本问题，形成较为完整的美学理论体系，建立了主观唯心主义的美学体系。

b. 客观唯心主义美学：

马丁·黑格尔在《美学》第三卷中提出"前艺术"概念，并将西方古典艺术分为"象征型艺术""古典型艺术""浪漫型艺术"三种类型。

在黑格尔看来，艺术和世界都是一个有起点和终点的过程、一个"过程的集合体"，而不是"一成不变的事物的集合体"。世界作为绝对理念通过自我否定和自我实现而得到自我认识的过程，它表现为自然界、人类社会和人的精神三个阶段，而人的精神又表现为艺术、宗教和哲学三个阶段。

黑格尔所谓的"象征型艺术"并非真正的"前艺术"，"前艺术"其实还处于"艺术中"。黑格尔所谓的"浪漫型艺术"也非真正的"后艺术"。

黑格尔肯定"美是理念"，这意味着"美与真是一回事"。然而，"说得更严格一点，真与美是有分别的"；只有当理念（真）在"感性的外在存在"中实现自己的时候，理念就不仅是真，而且是美的。所以，黑格尔说："美因此可以下这样的定义：美就是理念的感性显现。"可以说，黑格尔所建立的是一种客观、辩证的唯心主义美学体系。

②马克思主义美学——旧唯物主义美学体系。康德、黑格尔共同为建立德国理想主义、形而上学的古典美学体系做出了卓越贡献，他是美学产生以来、继笛卡尔和洛克之后、在马克思以前第一个把西方美学推向顶峰的集大成者。

马克思主义美学论证了劳动实践创造美、人化的自然、人的本质的对象化、审美意识和艺术对现实的能动反映等美学的根本问题，使美学逐步建立起真正的、日趋成熟的科学体系。

③西方现代美学——新唯物主义美学体系。19世纪，俄国革命民主主义思想家车尔尼雪夫斯基批判黑格尔的美学思想，强调现实美的研究、艺术与现实美学关系的研究，使马克思主义美学发展到最高阶段，被称为新唯物主义美学。

车尔尼雪夫斯基认为：美学的研究对象不是美，而是艺术。如果美学只研究美，那么崇高、伟大、滑稽等有美学意义的美没有包含进去。美学对象大于美，而且应该包括整个艺术理论。艺术研究不局限于美，而应该包括艺术反映生活中一切使人感兴趣的事物。

（4）当代人类社会的美学体系。19 世纪中叶至 20 世纪，西方美学呈现多元化发展的局面，在现代人文主义及科学主义思潮的影响下，美学进一步与哲学、伦理学、现象学、社会学、行为心理学、语言符号学、文艺学等学科交叉融合，形成复杂的美学体系及分支流派，各美学流派逐渐脱离"美是什么"的纯粹哲学讨论，侧重于"美感经验及审美心理活动怎样"的审美心理描述。在反叛形而上学、张扬经验实证方法，反叛理性主义、张扬非理性的新潮流中，当代美学成为一种研究"道"和"器"的"文艺创作评论学"。

①现象学美学。20 世纪初，埃德蒙德·胡塞尔创立"现象学"，其目的是要克服人性生存危机，建立一种对人和社会有价值和意义的科学，使之造福于人类。

在现象学视野中，美学研究转向文化研究，研究内容涉及社会、文化、建筑、环境四个方面的课题：其一，环境的基本属性及品质质量；其二，人的环境经历和生存意义；其三，衡量建筑、环境的社会和文化尺度；其四建筑、环境、人的存在关系及场所精神。

研究这些问题有两种方法：第一种方法，采用具体和定性的专业术语来描述建筑现象，揭示建筑形式所隐含的本质和意义，将建筑与人的生活经历联系在一起；第二种方法，在特定的时间、地点、人群、事物与历史背景等建筑环境中，考察人与建筑的关联性，从人的审美体验中揭示建筑形式的具体价值和意义。

②存在主义美学。海德格尔在1927年出版的《存在与时间》及以后的演讲中阐述了存在主义美学观点，提出"诗意地栖居"等主张，其目的在于说明存在主义美学的任务，即揭示美的现象，帮助人们了解美的特征、美的创造规律，提高人们的审美欣赏能力、人文主义精神，促使人生和现实生活的审美化。

在存在主义视野中，建筑师需要在解决建筑的"有与无"问题的基础上重新审视并解决建筑的"美与丑""好与坏"问题，进一步提高建筑的人文与科技含金量。

③分析美学。莫里茨·盖格尔在《艺术的意味》中强调并说明"美学是一门价值科学，是一门关于审美价值的形式和法则的科学""美学是对有关审美价值的那些法则所进行的分析，仅此而已""审美价值是美学注意的焦点，也是美学研究的客观对象"。

对艺术评论家而言，艺术是人类智慧、思想和情感的结晶。艺术是人类文明的标志。艺术是一种文化现象。对普通老百姓而言，艺术就是奢侈品。因此，我们需要审视"美的建筑"的本质、特征、价值和意义。具体来说，就是审视"美的建筑"的自然性与社会性、功利性与非功利性等多种特性。

(二) 摸索前行的建筑美学

1. 建筑美学研究的问题

建筑是艺术领域的重要形式之一。但建筑成为艺术家族的一员经过了漫长的时间，其原先并非艺术，只是为了满足人类对安全、生理的需要，可见，这种物质需要不能被艺术之美所满足，因此当时的建筑不是一种艺术作品。随着人类社会的进步与文化生活的丰富，人们对建筑的物质需要已基本满足，而后出现了新的精神需要，即艺术美感与形象。虽然，不同的历史时期、不同的地区对建筑之美的理解与表现有所不同，但是全世界对建筑美的追求过程却都是轰轰烈烈。18世纪，美学正式成为一种综合性学科在欧洲社会盛行，此时的美学家无一例外地在相关研究著作中提到了建筑这种艺术形式，可见建筑已成为美学重点研究的课题。

但是，当代的建筑学在长时间的发展中已与早期的建筑美学具有明显的差异。因其面临的课题、涉及的范围都远超传统建筑美学的涉猎范围。建筑领域上千年的发展历程，不同时期的风格特点都体现了当时的社会背景，而建筑美学也随之发生了剧变，无论是传统的建筑观念还是美学观念，都在人类社会变革中面临着艰巨的挑战。20世纪初期，建筑领域发生了重大变革，在这场建筑艺术革命中，传统的建筑观念被打破，同时也使世界范围内的建筑的形象发生了巨大的变化。此次建筑革命的意义是深刻的，其带给建筑领域的影响与作用是不可替代的。

建筑领域革命改变世界建筑格局的同时，促使建筑思想格局呈现多元化特征，与此同时，建筑思想涉及的价值取向、审美意识、时空观念、文化模式、传统与创新等开始变得难以理解，这就需要我们不断变换思考的角度与层次，挖掘这些抽象观念在当代的全新内涵，从而更好地诠释建筑美学的相关内容。

直到今日，我们终于意识到建筑美学所面临的课题不仅包括建筑学，同时还包括了目前全球互融性文化向人类社会提出的深刻课题。建筑领域发生的种种变化离不开人类社会文化环境的深刻变化。当我们在面对过于复杂或是难以理解的建筑现象时，可能会迷茫，可能会混乱，但是若我们摆脱建筑传统研究的思维方式，再去面对这些难解的建筑现象时，便可以用符合时代背景的新角度、新眼光去审视这些优秀的人工艺术品。如果说以往对建筑美学的研究主要是从建筑本体与基本构图原则两大方面去探究，那么今天我们所研究的建筑美学就是从人本身以及人的生活体验这个全新的角度去分析建筑的美。这一思路基于人类审美活动发展所具备的内在逻辑以及当代美学意识，因为掌握当代美学的特征是领悟当代建筑美学思想的核心。

2. 建筑美学的基本特征

美学自古代产生发展至今，数千年的演变史，使其内容发生了重大变化。尤其是在19世纪中期，人类社会得以迅速发展，人类学、社会学与其他科学的进步也推动了文化领域的大发展、大繁荣，人们对文化领域的研究深度不断增强，其主要研究的内容为具体的文化结构以及新兴的文化现象。从而使哲学反思作用在文化方面成为一种可能。在文化领域快速发展的背景下，美学所涉及的内容开始迅速向外延伸，其形态与方式也开始具有多样化的基本特征，可见，此时期的美学研究的重点已经发生了转移。其中，美学思想的倾向变化最为突出，它从客观逐步迈向理性。同时，美学范畴也开始呈现多元化特征。

3. 建筑美学的发展历程

建筑美学随着传统美学的发展而发生变化。19世纪著名的建筑学家斯科特就对建筑美学做出如下阐述："人们对建筑美的执着追求其实是一种本能，因而建筑的美是独立于个人的现实。"但是这种观点在20世纪被推翻了，因为此时的建筑领域出现多元化发展特征，从而出现了人们无法准确找到被大众所接受的"美"的具体标准，简单的"美丑""好坏""肯定否定"已经无法满足人们对建筑评价的需要。因此，描述的语言开始变得含糊不清，诸如"有意思""很重要"等用词开始大量出现在建筑评论中。

上文所述的现象无法用简单的原因来解释，因为造成建筑美学变化的原因不仅包括人类社会变革而导致人们的审美理想与观念发生的变化，还包括不断发展的科学方式对建筑美学的产生的巨大影响。美学思想发生改变之后，艺术本身也会随之做出改变，开始出现非美的发展趋势。随着艺术领域的思想与运动的陆续出现，艺术不再沉迷美的幻境，而开始生活化。艺术家们开始将艺术融入生活，使艺术的创造过程成为创造物质产品的过程，此时的物质文明与精神文明之间的关系更为密切，促使现代艺术开始扎根于物质生活，这种现象代表着人们的艺术观与审美观彻底与传统观念告别。美学观念的转变还进一步促进了艺术迈出少数贵族艺术家的象牙塔，开始走进大众。这一步意义重大，此时现代艺术开始与传统艺术划清界限，不再以"创造美""表现美"为建筑美学的大方向，而是将视野放得更为宽广，尽可能接纳艺术问题所涉及的方方面面。美学观念的转变其实也反映了人们价值观念、价值取向的变化。我们可以全新的视角去看待艺术甚至是人生。那么，建筑美学也可帮助我们看透当今建筑现象的本质，把握建筑发展的基本脉络，了解其内在逻辑。

当代哲学思想对各个学科领域的影响，使建筑美学问题变得严峻，并被世人所关注。其实，建筑的发展历史与其特征都要求人们在进行建筑领域的理论研究与创造分析时，将建筑的社会意义与和建筑产生关系的人都纳入其中。从这点来看，研究建筑的美已成为建筑美学的很小的部分，更需要人们深入观察、分析的是美以外的事物。

当代建筑评价的标准与原则在多元化发展格局中变得难以把握，当前，各种建筑观点并存已成为建筑理论界的最大表现特征，此时，传统的建筑理论不能再去解决当代的不同观点、理论之间的冲突。于是，建筑美学的实际功能也开始发生转变，由陈述真理转变为审美的引导以及意义的深刻研讨，因此，建筑理论与建筑评价也开始出现多元化的发展局面。

综上所述，当代美学的一大关键性特征便是美学思想开始从客观倾向逐步转变为主观倾向。因此，美学家对审美主体——人的分析研究成为研究的主流方向。从这点来看，人类的认知水平在不断提高。从实质来看，美这种抽象的存在会伴随人类社会的进步和人类自身的发展而不断变化。所以，美也会呈现时代性、民族性以及地域性的基本特征。因此，美也具有动态特征。通过上文所述，我们已知当代美学的重任是为特定客体转换为特定主体的审美对象做出科学、合理的解释。因此，建筑理论开始大范围研究诸如形体、线条、色彩、结构等方面的内容。当然，这并非当代建筑美学所需要研究的重点内容，而是艺术学所涉及的内容。从本质上来看，建筑美学就是审美学，甚至可以理解为人学。

二、走进人们生活的建筑美学

（一）注重过程的建筑设计与建筑审美

不同时期的艺术都是该时期哲学思想的深层反映。随着人类对哲学领域的深入研究以及对生活本质的不断探索，人们开始意识到艺术不能作为生活理想的代替品，也就是说艺术不是简单地对人们日常的生产生活进行细致的描述、主观的美化、评价。其实，艺术是人们生活中极为重要的组成部分，人们口中的"艺术般的生活"或是"生活般的生活"都清晰表达了这一点。在哲学思想的深刻影响下，当代艺术开始将人类的生活经验以及过程作为表现的重要内容。始终为人类生活所服务的建筑领域也开始注重人们生活的经验与过程。

1. 走向过程

人类开始从事建筑工作的目的就是满足自己对生活的需要。那么，人们应该如何通过建筑来实现其为生活服务呢？

无论是早期人类社会建造的建筑物还是现代出现在大街小巷的建筑形式，人们所关注的都是建筑的"结果"。我国古代金碧辉煌的宫殿是为统治者服务，无言诉说着君主的权威；明亮宽敞的商场为大众服务，其出众的广告效果可吸引更多的顾客；设施完备、功能齐全的住宅使居民有安全感与舒适感。可见，建筑的建造目标是清晰明确的，而且不同的建筑物都有自己的特点和品质，那么建筑完工的结果就是建筑本应成为的样子，这里的样子与上述目标相关联。由此可见，人们将建筑的结果理解为建筑的目标是否实现，换言之，建筑物是否具有它本应有的基本属性，即风格、形式、功能质量等，并且把这种结果当作判断设计作品是否成功的最终标准。

建筑最为基础的功能便是为人们提供居住的场所，如果是在人类社会发展的初期去讨论这个问题，这个问题就能获得肯定的答案，因为早期建筑的目标明确，即遮蔽风雨、躲避虫害。但是，建筑在人类社会的不断发展中，开始出现装饰，出现了非功能性的构件和形式，出现了并非满足人类居住所必需的平面、立面以至空间的处理。于是，人类的建筑活动所追求的功能变得多元而富有层次。

其实，当代建筑的目标与结果并未发生根本变化，并且永远不会改变。那么，建筑领域到底变化的是什么呢？根据建筑史的发展历程，我们首先可以确定的是建筑的观念发生了改变。从建筑史整体而言，当代建筑与早期建筑的关注点有所不同，人对建筑的接受过程，人在建筑中的各种体验、感受等心理状况及其发展的依据都是当代建筑所关注的重点。传统社会的人们把建筑当作一种客观、恒常的物质存在，那么建筑的具体内容与性质就成为人们关注的重点。现如今，建筑被更多地认为是一种变化、发展的存在，体现在建筑与人的交流、互动中。所以，当代社会的人们把对建筑的关注点放在了其与人的生活之间的互动交流的形式上（图2-1-1）。我们将以往与当代相比较的话，不难发现，以往主要涉及了一种终极、恒定的结果，而当代主要涉及的是过程。从本质上来看，人们的建筑观念发生了重大的转变，因此，我们可将其总结为人们对建筑关注的重点从"结果"走向"过程"。

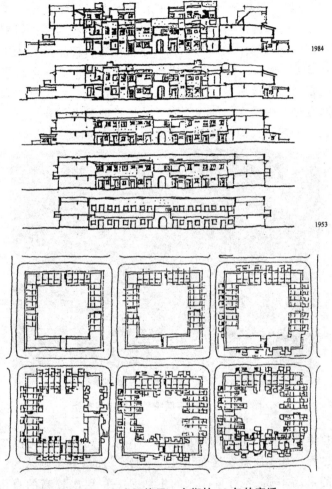

图 2-1-1 印度阿德里一个街坊 30 年的变迁

人类建筑观念的这种转变其实饱含了人类展现强大生命力的美好希望,从而反映出人们对建筑具有高层次的需要。当人们的基本居住条件还没有得到满足时,此时人对建筑的目标较为单一。因此不会过多考虑未来要在什么样的环境中居住,人只是在期待建筑的"结果"。一旦人们的基本居住条件得到满足后,那么人就会开始考虑在建筑环境所要进行的活动。此时,人们会通过装饰与布置房间的方式来使居住的建筑在视觉、触觉、听觉、味觉等方面都舒适宜人,为了获得全新的建筑体验获得建筑信息,人们还会借助可自由活动墙面或是可移动的家具来更换自己居住的房间内的空间构造,这样一来,人们便可以在有限的空间内丰富生活。此时，人的建筑目标开始发生转变，从单一的"目标"转为充满人类实践活动的"过程"，虽然多数时候，人们并未清楚意识到了转变。于是，人们对建筑的要求已不再是"可居"这个结果，而要求在居住的过程中真正地生活，在对建筑的品味中发现与体验人生的乐趣，使生活更加丰富并充满意义。如图 2-1-2 所示为美国韦斯特费尔德市步行街，该建筑形式表明了丰富生活的意义。由此可见，建筑观念的变化过程为：注重结果→注重过程，该变化深刻反映了人们的建筑需要从传统的基本需要向更高的精神需要发展，深刻表现了人们对真正有意义的生活的向往。

图 2-1-2　美国韦斯特费尔德市步行街

众多哲学家都曾对生活的本质进行过探索，如黑格尔说："生命乃是一种变化过程，其实质就在这变化过程本身。"而马克思则认为："人的生活乃是人的最高本质。"可见，人的生活是一种层次较高的自由的运动，而不应该是受限于外力的一种机械的运动，如果只用"结果"与"目标"来描述生活的过程，就是一种异化。现如今，人们开始清晰认识到，导致生活过程异化的源头在于自身的错误认知，而摆脱异化的途径就是人们在真实世界内寻找生活的价值，回归真实、回归生活，找回自己在忙碌生活中失去的本性。

这种哲学上对人生价值与人生过程的重视，促进了新生活意识与生活方式的诞生。人们不再安于表面上的物质富足，而是追求一种更丰富、更真实的生活，这种生活不受外界因素的影响与作用，而是由自己的内在生命推动生活向前。当然，这种具有创造性的生活方式与懒惰、贪婪、无理想、无追求的生活方式有显著差异，其代表的是一种更高层次的理想与追求。在追求理想生活的过程中，人们希望把自己的精力投入生活的过程中，希望在人生的过程中通过各种选择和实践，去体验、感受和创造丰富多彩的生活，去探寻最适合自己个性的人生之路。因此，我们可以将走向过程理解为人们开始追求自由自在的生活，不受高压社会的影响，那么人自身的生命便成为追求理想生活的基础。

2. 体验·审美·创作

人类思想观念与人类的社会实践密切相关，那么价值观的变化自然也会影响建筑领域内的理论研究与建筑设计。20世纪下半叶，"过程"成为社会各个领域学科关注的重点，而建筑领域的发展与生活方式的改变对建筑提出了新的要求，致使不少建筑师与建筑理论家将研究重点转向建筑"过程"，使当代建筑活动逐步走向了"过程"。

其实，深入分析20世纪建筑思想的众多变化，我们可知当人们在同时讨论建筑生产与建筑接受时，通常多强调建筑接受；在讨论建筑的物质功能与精神功能时，偏重精神功能；在讨论技术文明与人类文化对建筑的作用时，更多地强调人类文化；在讨论建筑的形式美与艺术效果时，越来越偏重人在建筑中的体验、感受等。上述现象与趋势直接反映出人的生活需求既包括物质需求，也包括精神方面的需求，如情感、审美等。同时满足物质需求与精神需求的建筑才是实现建筑走向过程的第一步。图2-1-3所示为某城市广场的小品，体现了人们对细部审美的需要。

图 2-1-3　某城市广场的小品

建筑活动走向"过程"具有深刻的含义。它不仅反映了人们对生活和生命认识的深化，还包含着一种强烈的审美意识。从美学的角度分析，美就是人的自由的表现。这点我国古代早已涉及，道家就认为人的生活要达到自然无为的境界，即自由的、美的境界，就要超出于人世的一切利害得失，处处顺应自然，不因得而欢喜，也不因失而哀伤。这样，人就可以摆脱外物对他的束缚和支配，达到像"天地"那样自然无为的绝对自由的境界。可见，人始终在追求自由的生活，又或是美的生活。

虽然，为了更好地表现人类对自由生活的追求，美必须以维持人类生存的物质生产活动为前提，美不得已与功利产生联系。但是，美既是自由的表现，同时还具备超功利的特殊性质。这种超出了功利的愉快，就其本质来看，就是一种审美的愉快。

这种美学思想在当代美学中得到了更为明显的表现。我们知道当代美学的一大基本特点便是尤为关注人自身的存在本体，重视从人的存在去把握审美和艺术。正因为人的存在构成了对客观世界的参与，对象世界才获得了它原本没有的人类学意义，因此现代美学的根本任务就在于从人的这种深刻而广泛的存在背景中去把握主体存在的真实意义，去揭示人生的丰富内涵。如此一来，审美的本质便发生了变化，已不是对客观对象的欣赏，更不是单纯的视觉的愉悦与满足，而是主体以全面的感觉去面对世界，如果全面感觉得以真正实现，那么主体便可真正把握自身的本质。

想要实现这一点并非易事，因为它需要主体对客体进行扬弃功利性的超越和升华的行为，即达到充分自由的境界，只有这样，主体才可能全面、充分地体验和领悟自身存在的价值和意义。换言之，人的审美活动是从自身需要出发的，同时，部分外部世界内的事物不能让人获得审美愉快，只有那些由主体的心灵选择出来的与自己类似的事物才能使人愉快而产生美。综上，审美活动就是自由的主体在对世界的参与和体验中确证自身，发现自身，塑造自身的过程。

人的审美活动与对象世界之间的互动交流，尤为重视建筑的"过程"。同时，在不断强调人对建筑的参与和体验。我们可以将走向"过程"的建筑活动认定是一种审美活动。如果把建筑的平面、立面、空间、构件单独拿出来分析研究，就会发现这是没有意义的。但，当主体个人介入建筑过程中时，这些"细节"才会发挥其价值，从而产生特定的经验。因此，主体对建筑实体无法产生舒适的感觉时，或者是建筑物无法满足主体需要时，主体便无法产生愉悦的感觉。反之，主体对建筑产生愉悦的感受。

建筑与主体的适应度越高，那么主体对该建筑体验的舒适程度也会随之增强，从而加深审美感受。因此，我们可以说建筑使主体产生的感觉并非恒久不变，即便建筑是以客观事物的方式存在。根据这点，我们可知人对建筑的审美关系是在主体对建筑的接受和体验过程中实现的。

其实，实现建筑的审美活动也很简单，就是使主体在建筑内或是环境内产生相对深刻的感受与体验。例如，当我们从炎热的室外走进凉爽的空调屋时，我们会因摆脱了炎热而感到很舒服，自然会产生喜爱当下环境的本能反应，出现这个现象的原因便是我们最为基本的生理需要在建筑内得到了满足。当我们远离故乡去遥远的地方发展，一旦与故乡建筑风格相似的建筑物出现在我们眼前，我们会感到亲切，因为这个建筑激发了我们对故乡生活的联想。因为建筑物具有地域特色，那么与之相关联的生活方式就会让我们重拾故乡的生活经历，从而满足了我们对建筑的情感需求。此时，建筑与人的内心世界达成了共识，建筑便可让人产生美的感受。相反，即便我们住在了造型别致，色彩艳丽，设施齐全的别墅内，如果我们在居住的时候感受空间过于封闭，或是太开敞，温度调节不够好，采光差，隔音系统差，这些负面因素会让我们产生不适感，导致美感无法形成，从而影响建筑的审美价值的正常实现。

美学发展的早期，人们会将建筑分为两大部分：功能与艺术。其实，这是没有正确认知美学的一种表现。因为，这是将建筑的物质需求与精神需求分割开了。一方面把建筑的功能认定为满足人的基本居住要求，自然与艺术审美无关；另一方面则把建筑过程中的审美活动认定为是建筑艺术的认知与反映，也与功能无关。

上述误解导致了建筑建造过程中出现了种种问题：部分建筑师将预设的功能放在建筑设计的首位，而把"艺术"当作建筑的装饰成分，并且附在"功能"之后，简单应付审美的需求；与此同时，也有部分建筑师把建筑设计看作是单纯的"艺术的创作"，部分具有较高"艺术品位"的建筑中，"功能"容易被建筑师忽略或是直接放在"艺术"之后，成为次要的，此时的建筑便被建筑师当作一种艺术品，或是说某种单纯空间体积的"魔术展"。

上述建筑设计中出现的错误的共同点在于它们都把审美只视为对预料之中的结果欣赏以及被动接受，而不是人在对象世界中实际体验的过程。重视功能忽视艺术，就错误地将建筑审美活动从人的生活中抽离出来，把它简单地等同于对建筑的艺术品质的认知与反映，所以，审美便成为人与建筑产生关系时一种无关紧要的心理活动，甚至说将"审美"定位于建筑的附产品，导致建筑师错误认为艺术性较强的建筑类型才需要审美；反之，艺术性较弱的建筑类型就不需要审美。

无论是偏重功能还是偏重艺术，它们都把建筑的审美活动同人在建筑中的生活、体验对立起来，显然是对建筑审美的误解，是无视人与建筑之间的内在联系，忽略了建筑的根本特性。建筑开放其空间使人进入，并为人类提供生活环境的艺术，因此，建筑不是雕塑，更不是绘画，即便设计一座好的建筑需要体现艺术效果，但建筑毕竟是一种有别于其他艺术形式的创造行为。

对于建筑而言，其物质内容与精神内容是不可分割的，两者都作用在人在建筑中的生活与体验，同时影响建筑审美价值的实现。虽然，建筑技术的推进使建筑的功能分类变得复杂而多样，在人与建筑产生关系的过程中，功能与艺术之间的界限更加模糊。当今的建筑形式与内容都比以往增加了，那么这些新生的部分所满足的到底是物质需要还是精神需要呢？图2-1-4所示为某街心花园，艺术性与功能性都在该建筑有所体现。如今，我们也无法将"功能"与"艺术"从同一建筑形式中区分开，它们都有助于建筑满足人们的不同层次的需求，丰富人在建筑中的体验，从而进一步加强人们对建筑与环境的审美感受。

图 2-1-4　街心花园

根据马斯洛需求理论，我们知道人的需要是具有层次的，物质与精神都被包括在内，其体现在建筑方面，就是追求最符合人们多种需要的环境。因此，人们在观察、体验建筑时，多从综合、直观的角度分析。其考察的主要内容便是建筑是否可使人的需求达成统一，简言之，人们是否愿意长时期停留在建筑内，其决定因素在于建筑能否提供给人们一个真正适合其生活的空间与场所。除此之外，在空间与场所中与他人他物是否可形成密切关系也是建筑是否可与人们的需求达成一致的关键因素，上述关系是人确立自己存在的方式，其有助于人们领悟自身在的价值和意义，从而真正实现建筑的审美价值。

对于建筑师而言，设计前需要深入研究人们的生活过程，尽可能对相关的空间和实体的目的及性格特征进行全方位的考察。建筑内部的所有空间及实体都可与人产生关系，从而促进人们对建筑产生体验，此时建筑师就能借助外界因素对建筑体验进行控制与调节。因此，建筑师需要在充分了解主体的基础上，全面掌握相关设计因素的实际效果，这样建筑师才能结合不同的意象预先决定并进而控制其设计为主体所提供的场所经验。

除此之外，当代建筑师还需要面对更为具体的建筑问题。场所的选择、材料、技术以及空间特征等都是建筑空间的基本构成要素，而这些重要的要素是建筑师在设计过程中需要深入分析、比较的，从而进一步权衡这些要素间可能的相互关系及其相互影响的程度，最终实现上述关系的最优化。从本质上来看，这个设计优化的过程就是解决建筑领域的相关问题及矛盾，当然人的环境意向与生活过程依旧是解决问题与矛盾的关键。

由此可见，建筑创作的根本仍在于理解每一个主体和主体群的性质，领会每一设计因素对主体生活所产生的效果及影响。因为建筑创作的目的并非设计实体和空间，它最终是为主体设计各种经验。有了这样的认识，建筑的创造就不应再把建筑本身作为"目标"或者"结果"，而应把人对建筑的体验和感受，即人对建筑的接受活动作为关注的中心。这种建筑创造才具备审美的意义，促使建筑从"结果"顺利走向"过程"。

（二）接受美学与当代建筑美学观

1. 接受和创造

"接受美学"的诞生与发展是当代美学重心转移的显著体现，其作为一种研究文学接受和影响的新方法，直接打破了以往文艺理论的研究界限，并非关注作品与作者和现实之间的关系，也并非文本的语言或"自身价值"，接受美学的研究重点在于读者的接受度，深入开展文学的接受研究、读者研究、影响研究。接受美学的创立，使文学研究的趋向发生了根本的变化。接受美学之所以有如此强大的生命力，因其为文学批评和研究开辟了新的领域，找到了新的分析、切入视角，同时还对其总体观点和方法论做了大量的更新与补充。

现如今，接受美学早已成为艺术理论领域最为重要的流派之一，在不断发展的同时深刻影响着其他艺术领域的理论研究与活动实践。虽然，接受美学主要是以文学理论为基础，但其众多思想与观点都具有普遍性，尤其对当代建筑理论、设计等多方面都具有重要的启示、借鉴意义。

接受与创作是接受美学的两大基本步骤，其共同构成了完整的文学进程，因此，在进行文学创作时，接受与创作是不可分割的关系，两者的相互作用形成了完整过程。在这个过程中，作者赋予作品发挥某种功能的潜力；而读者则实现这种功能，任何功能都不能由作品自身实现，而必须由读者在接受过程中实现。实现这些功能的过程，才是作品获得生命的过程，也是它最终完成的过程。

其实，建筑的创作与接受与接受美学所描述的内容具有相似性。一件具备完整形态的建筑作品在完成设计步骤，进入建造阶段却未正式投入使用时，它仅仅是具有某种潜在功能的物化表现形态，宛若文本。实用价值、审美价值、文化学价值、社会学价值等建筑的价值，只会在建筑真正成为人们生活中的一部分后才会表现出来，也就说是，建筑真正进入接受过程后，其真正的价值才会表现出来。

对于建筑而言，接受活动所涉及的主要内容为接受者对建筑设计成品的理解和评价。这里的理解和评价其实是对当时建筑创作过程与相关理论研究的一种后续反馈，自然会直接影响建筑的发展。纵观建筑发展史，不同历史时期、不同民族的接受者对建筑所持的理解与评价都不同，但又都影响与改变着当时当地人们对于建筑的价值观念与审美取向，从而促进建筑创作的进步，以努力适应人们的物质与精神需求。在建筑创作与接受过程中，人们会不断提出新要求、新问题，建筑领域的相关学者在回答这些问题的同时，建筑的观念也得以更新与发展，与此同时，建筑的形式和风格也发生了日新月异的变化。建筑文化就是在这样一个连续创作与接受的双向运动中不断更新变化。

2. 建筑设计作品的内在结构与可解释性

（1）建筑设计作品的内在结构。通过上文所述，我们可知建筑是为人的生活所服务的，因此建筑的创作目的就并非完成建筑的内外形态。建筑存在的意义需要通过人的接受活动，人在建筑内部的生活体验得以实现。可见，建筑设计成品本是一种抽象潜在的物质存在，当人们真正对其进行接受活动时，它才会成为审美对象。所以，我们不能把建筑看作客观的认识对象，而应该将其视为主体接受意识的关联物。此时，建筑的意义与审美潜能便与接受意识相互交融，共同作用，继而被接受者感知，最终引起反应，那么这种潜能才会转化为形象、含义、价值和效果。

随着人们的自我意识的觉醒与社会价值观的变化，人们对建筑的要求日益提高，以往的物质与精神需要都不能满足其需要，人们开始强调建筑文化在人类生活中的体现，开始从人类的风俗习惯、文化传统、价值观念、行为模式、社会交往等角度出发，考虑多方面的人文因素。那么，建筑中所考虑的人就不再是一个物理的人、生理的人，而是社会的人、有情感的人，是需要层次丰富的"多元"的人。生活在特定文化环境中的人们，在不同生活方式、价值观念、行为模式的影响下，人们对建筑的要求和理解具有差异性，从而导致人们在建筑接受活动中产生不同的期待视野。

在这种社会大背景下，建筑师的创作初衷必须是为一些社会的人服务的，这就需要建筑师对建筑接受者的价值观念、生活方式、审美经验及取向做出相对精准的预测。因此在具体建筑创作过程中，建筑师或有意或无意地让自己的主观创作努力向建筑师想象中的接受者的期待视野所无限靠拢，并且及时微调自己的创作方向。其实，这就是创作对接受的一种回复。

（2）建筑的可解释性。建筑的可解释性体现在建筑的接受者在接受过程中对建筑"空白"处即未确定部分的修补与完善。因为，当今的艺术形式大多具备开放性的结构，从而具有充分的可解释性。那么，艺术作品就具有了"潜在接受者"，换言之，艺术作品包含一切接受者的可能性。因为解释行为具有选择性，而每一具体的接受者只能以自己的一种方式去解释内容的未定点，但内容之间的联系意义不存在限制，因此，作品的潜在意义会比任何一个接受者对作品的解释丰富得多。此时的建筑就为各种潜在的接受者提供了解释的机会。

接受美学所涉及的创作与接受理论被越来越多的建筑学者与建筑师所认可与支持。当代建筑师根据接受美学的相关理论，提出了符合时代特征，观点新颖的建筑理论与创作手段，并以此建造了具有可解释性的建筑作品。例如，荷兰阿佩尔多恩市中央保险大厦就是体现这种可解释性的杰出实例。建筑材料为钢筋混凝土与混凝土；在此基础上形成了建筑的基本框架与结构，并被安排在一些不规则的工作平台的四周，同时，工作平台又被设置在一个方格网中，地板、柱、照明槽及服务管道组成了每一个小方格。这些工作平台又被具有相同高度的顶部采光的通道空间隔离开，促使自然光线可以随意渗透到底层的公共空间。其实，平台的设计为人们提供了一个活动空间网络，通过调整包括桌、椅、照明罩、柜、床及办公设备等元件，可将其安排成为个人或小组的工作站（图 2-1-5）。

结上所述，我们可知任何时期、阶段的建筑形式在它初期构思时就具备了特定的价值观，并且不会受到外界环境

图 2-1-5　荷兰阿佩尔多恩市中央
保险公司大厦内景

的影响而发生改变，最终被保存下来，这就是建筑的文化意义。现如今，我们可将中央保险大厦视为一种试图以人类学的集居于迷宫中的方式来克服现代官僚主义的劳动分工的尝试。可见，建筑中不确定因素的设置以及由之产生的建筑的可解释性对于建筑接受活动中主体能动性的发挥具有决定性的意义，这种巧妙的设计从本质上颠覆了传统的价值观与美学观，在其不断发展的同时，其成为当代建筑思想的"领军人物"。

在肯定接受活动能动性的同时，我们也要看清其能动性的发挥程度。因为，接受活动的能动性是有限的。从本质上分析，接受是一种只能做确定选择（赞同或否认）的审美活动。在艺术作品接受过程中，接受者将面临形式各异的可能性，同时需要从中做出选择。而不同选择在确定的瞬间可导致填补不确定性和空白的方式以及所填补内容的差异，这就是人们对相同的建筑作品产生不同理解、认识与判断的重要原因。但是，接受美学在发展的过程中将上述问题进行了新的解释与说明，其观点认为在人们接受作品的时候，填补的方式以及填补的内容必然受建筑自身规定性的制约，所以不能完全按照个人的愿望和需要而发展变化。综上，我们应该辩证看待接受美学的相关理论内容，即作品的规定性和接受活动的能动性，过分强调任一方面都将出现理解偏差，从而误导接受活动。

我们现在生活的时代为我们创造了全新的社会环境、全新的生活方式、全新的认知视角。而新时代背景对当代建筑领域提出了新的要求，这就是接受美学在建筑领域给我们的深刻启示。接受美学主要陈述创作与接受两个环节之间的内在逻辑关系与两者的相互作用、影响，而这部分内容对艺术领域的变革产生了积极的促进作用。它直接打破了人们对艺术作品本体的细致描述的艺术传统。接受美学的核心价值包括两方面内容：一方面，接受美学把接受者引入艺术领域的创作活动与艺术本体，在过程中承担核心因素的重任；另一方面，接受美学还建立了一种辩证地、动态地研究创作理论的新思路。

第二节　建筑形态学

建筑形态学是现代建筑领域最具代表性的兼具技术与艺术的一门综合性学科，它受现代建筑运动的影响，并且符合多元化时代发展的需要。建筑形态学与建筑领域的其他学科的融合度非常高，其突出的科学性不断解决现阶段建筑领域出现的各种问题，同时在提供方法论的时候，自身的内容与形式也得以更新变化。

一、形态学理论与建筑

（一）形态学的概念论述

形态学源自古希腊，是由形式与科学两个单词组合而成的。起初，形态学仅是作为研究人体基本构造以及其他生物的形式、特征的一门科学，是一门在生物界发挥着重要的引导推动作用的理论学科。随着科学的进步，科学领域开始与艺术领域互动融合，因此，形态学所涉及的形式与结构便开始与艺术领域有所交集，此时的形态学同时具备了艺术与科学两个领域的内容。经过自我发展与完善以及其他领域学科的理论支持，形态学已经成为集数学（几何）、生物、力学、材料和艺术造型为一体的交叉学科，而它的研究对象也由早期的生物形式与结构转变为事物的形式和结构的构成规律。现如今，形态学已被广泛运用到社会各个领域，并为其他领域科学的发展提供了积极有效的研究方式。同时，在其他科学领域中所出现的新成果又不断使形态学更加完善，如数学领域的拓扑几何。可以说，射影几何的出现为形态学提供了揭示和描述形式规律的新手段，而新形式及其结构原理在加以物质化之后，又可被运用于建筑设计中（图 2-2-1、图 2-2-2）。可见，形态学是一门拥有悠久发展历史且在当今依旧富有强大生命力的应用科学。

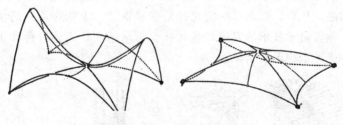

图 2-2-1　几何图形（一）

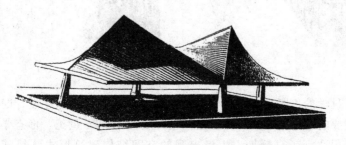

图 2-2-2　五个双曲抛物面组成的结构

数学几何、力和材料是形态学的三大基本内容。它们是构成形式与结构的三个基本要素，彼此之间存在密不可分的联系。在建筑领域方面，数字几何、力与材料之间具有明显的制约关系：承受不同的荷载力的建筑物必须具有不同的几何形式或采用不同的支撑材料，换言之，在承受同样荷载的情况下，如果改变建筑形式将增加或减少建筑材料的用量。从营造活动开始，人们就已通过对大自然的观察，掌握了形式、力和材料之间的关系，并且利用这一原理，克服原始材料的局限性，创作了许多结构精妙的建筑物。

（二）受形态学影响的建筑领域

19 世纪末，在欧洲艺术领域先后出现了印象派绘画和新艺术运动，两者都在很大程度上受到以描绘自然景物为主的原始艺术和土著艺术的影响，在生活体验中不断吸取艺术创作的灵感并更新创作的方式。

印象派绘画艺术改变了以往绘画稳定、均衡、理性的特点，开始呈现了随意、激情、动感和矛盾的特点。新艺术运动对家具艺术、装饰艺术的影响更为深刻，它主张以逻辑的手法和激情去表现自然形式的美。在建筑上，无论是印象派绘画理论还是新艺术运动，两者都对当时艺术领域盛行的古典理性主义建筑产生了重大冲击，为试图突破欧几里得几何限制的建筑师提供了创作的理论基础。这些建筑师以现代几何和形态学为创作工具，作品包含着大量的曲线和曲面。图 2-2-3 所示为新艺术运动时期的艺术代表作品。从此，形态学的概念开始在建筑艺术上获得正式的承认和大量运用。随着科学技术的发展和现代社会需求的变化，建筑师和工程师们在设计中更加重视形态学原理。

图 2-2-3　新艺术运动作品

随着科学的不断进步与社会需求的日益增加，建筑师在设计时将形态学作为重要的理论基础并积极运用到设计实践中。20 世纪，形态学在建筑领域的应用达到了高峰期，大量出现的空间结构建筑形式就是其显著特征。在空间结构建筑中，建筑师综合考虑几何形式、力和材料三要素，试图在设计初期使三者之间的作用达到最佳的组合形式，以此为基础的建筑形式比传统结构建筑具备更多优势，除了满足新的功能需要和节省材料等优点外，在造型上也打破了传统的模式，多了一种隐含着数学奥秘的美感。

二、建筑与几何学

（一）建筑形式的几何特征

我们都知道任何事物的形态研究都离不开数学几何。可以说，几何学自产生到发展至今，其对人们的生产生活各个方面产生了程度较深的影响，尤其是在环境空间方面，换言之，不断发展的几何学为人们理解空间具备了理论基础。而在建筑方面，纵观建筑发展史，几何学始终伴随着建筑的发展而不断进步，与此同时，几何也成为建筑师们设计构思与丰富表现形式的重要工具。

在西方众多城市中，各种城市、街道、广场和建筑无不展现着早期建筑师们对几何构图的巧妙运用（图 2-2-4）。但是，技术的进步却也导致建筑领域出现了种种矛盾，首先，科学研究者在许多宏观和微观领域，运用现代实验手段，观察和发现了许多新的现象和形式规律；几何学的研究更加深入，但也更加抽象，甚至脱离现实生活。其次，建筑师们对几何学运用在设计中并不关注，从而缺乏扎实的几何知识，导致他们在设计中忽视形式的构成规律，片面强调建筑构成元素的重要性，以最新的技术和材料去追求短暂华丽的时尚风格，或者试图掩盖毫无魅力的单调形式。此时，形态学为建筑与几何之间搭建起了联系的桥梁。形态学的数学工具是区别于传统的欧几里得几何学说的现代几何学。其中，射影几何、椭圆几何、双曲几何、拓扑几何和晶体几何是其重要的内容。

公元前三世纪，欧几里得几何学出现在几何领域。它建

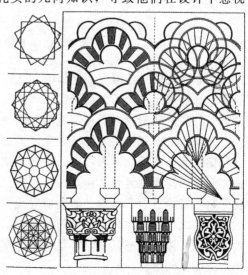

图 2-2-4 伊斯兰建筑的几何构图

立在尺寸概念的基础上，主要研究形体的长度、角度和平行性等几何特征，尤其适用于描述直线和平面构成的形体。随着人们对空间认识的不断加深，欧几里得几何的局限性开始显现出来。这时，数学家博莱耶伊与罗贝特切夫斯基提出了非欧几里得的双曲几何学，以解决复杂几何空间的描述困难。而后，数学家黎曼又提出了椭圆几何（黎曼几何），这是另一种非欧几里得几何学。上述这两种非欧几里得几何都是以点、线和面为基本构成要素，从而进一步补充与完善早期的欧几里得几何学。从数学意义上来说，欧几里得几何是从双曲几何过渡到椭圆几何之间的内容：假设在空间中有一条直线和一个点，在椭圆几何中，人们不可能建立一条穿过这个点并与已知直线相平行的直线；在欧几里得几何中，人们仅能建立一条这样的直线；而在双曲几何中，则可以建立无数条这样的直线。此外，一个三角形的内角和的数目也可以反映这三种几何各自的特征：在欧几里得几何中，这一数目等于 π；在椭圆几何中，这一数目大于 $N-S+R=2$；而在双曲几何中，这一数目则小于 π（图 2-2-5）。

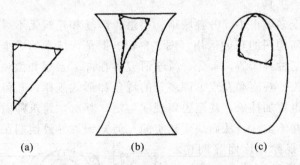

(a)　　　　　　　　(b)　　　　　　　　(c)

图 2-2-5　几何图形（二）

在非欧几里得几何发展过程中，盖阿斯、F. 克里恩、海尔伯特等著名数学家都曾对此进行了大量研究，促使非欧几里得几何逐步趋于完善，通过他们的几何理论，人们可以更加准确地描述一些复杂的曲面空间。可以说，非欧几里得几何的发展极大促进了建筑形式的变化，此时的建筑师们开始摆脱欧几里得几何所限定的古典建筑空间的框子，创造了大量的由曲面空间结构构成的复杂又新颖的建筑形式。与此同时，现代几何又在众多优秀数学家的努力下出现了新的研究成果，如画法几何、射影几何等。虽然，这些现代几何源自不同的领域科学，解决不同的数学问题，但它们的发展推动了拓扑学的诞生，这是一种适用于各种空间现象的且形式内容最为广泛的几何学。

H. 波伊卡里与 F. 克里恩是拓扑学的主要奠基人。现如今，拓扑学已经成为人们认识和研究形式构成最主要的工具。它摆脱了传统几何对形式的尺寸、角度等细节的关注，而是直接研究形式最基本的构成方式。在拓扑学中，不关注形体的表面是平面还是曲面，更不在意它到底是由直线还是曲线构成的，对它研究的唯一标准是其变形过程中各元素之间的连续性问题。

（二）形式的结构

形式的基本定义为任何一种事物或现象永久的和暂时的特性之总和。换言之，形式是由其构成元素按一定的组织法则构成的，这种组织法则称为形式的结构。事物的构成方式才是决定其形式的重要因素。例如，当我们进行乐曲创作时，音符种类是有限的，但是它仅是乐曲的构成元素，那么作曲家只需通过对有限的音符进行不同形式的组合，就可以创作出具有不同音乐效果的曲子。由此可见，无论是物质的分子构成，还是城市的区域划分，形式的结构都对事物的形式起到了决定性的作用。

为了促使形态学在更多的学科领域得以普遍应用，人们将形态学中形式的构成元素的物理化学特征忽略，而将研究的重点设定在形式结构的构成逻辑上。根据拓扑学的相关内容，我们可把建筑形式的不同构成元素抽象为点（节）、线（联系）和面（集合）三大要素。点可理解为定位，如城市中的广场，建筑中的梁、柱交点；线可理解为联系、分隔，如城市中的街道，建筑中的楼板交线；面可理解为分区，如城市中的小区，建筑中的墙板、地面。这样，点、线、面就以不同数量、不同方式进行各种组合，从而形成了一维、二维、三维的丰富多彩的结构形式。我们还可以认为结构形式不同的根本原因在于这三个要素之间具有不同的组织法则。形式的三要素和它们的组织法则可以通过网格这一方式来表现，网格大致可分为平面网格和空间网格两大类。而它们的空间特征由两大因素决定，具体如下。

1. 网格自身结构

网格自身结构的主要内容包括网格中的"面"围绕着"点"进行组合。它可由施拉夫里编码表示。该编码为一组数字，其中这组数字的数量和顺序表示以顺时针方向围绕"点"进行组合的"面"的数量和次序。而数字本身则表示这个面的边数（图2-2-6）。

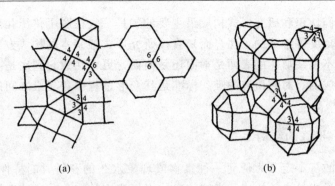

图 2-2-6　网格结构

2. 支撑表面

假设一张柔软的网被覆盖在一个坚硬的物体表面上，那么，网的形状自然代表了这物体表面的形状，因此，网格的"支撑表面"指的就是这个假设的物体表面。任何网格都是根据自身结构并沿着某种特定的支撑表面进行繁殖或分解的（图 2-2-7）。

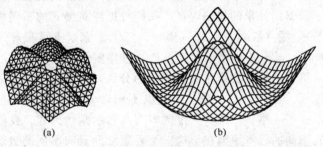

图 2-2-7　结构形式

但是，不管网格的结构与其支撑表面的形式如何，它的三种构成要素的关系都可用欧拉公式来表示：

$$N-S+R=3-h$$

其中，N 代表点的数量，S 代表线的数量，R 代表面的数量。而等号的右边则反映了网格支撑表面的基本特征。h 代表的是将表面切割为两部分后，表面所出现的闭合曲线的数量。对于二维表面和简单凸面体来说，h 始终为 1，因此，欧拉公式可以被简化为如下形式：

$$N-S+R=2$$

对于任何网格中的 S（线）来说，它既是两个 N（点）的连线，又是两个 R（区域）之间的分界线，所以，我们可以在不改变"S"的数目以及"$N+R$"总和的前提下，把网格中由线连接的点转换成由线分隔的区域，把区域转换成点。在此过程中，一个新结构的网格便形成了。这就是原始网格的二元图形。二元性是形式的一个重要的拓扑特征，它建立了一个现象与它的对立面之间的联系，或者说它直接体现了两个对立面之间的相互关系。其实，在大自然中也存在不少可以证明这一重要特征的自然现象，如受力后产生的拉、压应力曲线，正、负磁场等（图2-2-8）。

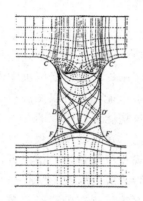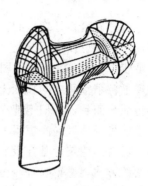

图 2-2-8　拉、压应力图

想要获得由点、线和区域构成的网格的二元图形需要经过如下过程：首先，以线连接原始网格的区域的中心，然后将其保持与原有的线垂直。那么在变形过程中，原结构的点成为二元结构的面，而原结构面的数量则成为它的二元结构点的数量，此时，线的数量依旧保持不变（图2-2-9）。这个二元性原理在建筑设计领域的应用范围越来越广，利用该原理人们可以更好地揭示建筑各空间之间的内在联系、相关的组织规则、对称性以及凭直观想象所不易察觉到的空间构成方式。

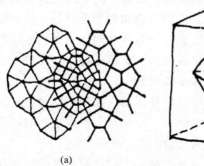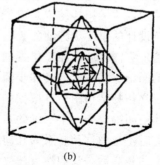

(a)　　　　　　　　　　　(b)

图 2-2-9　二元变形

（三）建筑领域的实际运用

在几何学理论的帮助下，建筑形式的结构规律都可用数学方式来表达，因此，人们在进行建筑形式的设计时，便可充分利用数学几何来解决建筑形式设计的传统经验很难解决的现代建筑问题。

1. 建筑的空间设计

对于建筑师而言，处理空间是设计难题。如果要设计的空间具有相对复杂的特征，我们可以选择建立"建筑功能流程图"的方式当作辅助设计的工具。虽然，"建筑功能流程图"可以在一定程度上解决空间问题，但它也只展现了各个空间之间功能上的联系可能性，所以无法精确地描述空间的拓扑特征。而且，我们不能在"建筑功能流程图"的帮助下完成最终的设计，也就是说通过一座逻辑的桥梁把"建筑功能流程图"转化为建筑最终方案。通常，建筑师是在没有相关规律可以遵循的情况下，利用大量的组织方案的方式，寻得一种较为满意的结果。那么，"建筑功能流程图"的存在意义就微乎其微了。传统的设计方法使建筑师凭经验和灵感去处理复杂的建筑问题，但是，建筑师的经验和想象力有限的，他在提出一个方案的同时也就遗漏了其他的可能性。

面对日益发展的社会，建筑设计与城市规划的问题也日益复杂，因此，运用计算机技术来辅助设计与规划是相当重要的。如何避免建筑师因直观想象与个人经验而为设计、规划带来的局限；如何利用数学手段来获得解决一个具体问题的所有可能性，同时通过施加不同的限制以删去不利方案，选出最佳方案，是建筑学者所重点研究的题目，而这个课题也是建筑设计计算机化必不可少的前提。

组织建筑空间是建筑设计的目的。建筑空间之间的相互关系决定了建筑的拓扑结构，这一拓扑结构是建筑空间和造型设计的基础。所以，我们可以将建筑设计的重要步骤抽象为一个拓扑学问题，也就是说如何根据拓扑结构来确定不同区域的相互位置问题。利用拓扑学，我们有可能解决上述所提到的问题。其设计的具体步骤如下。

（1）建立拓扑结构图形。根据拓扑原理，我们可以做下列定义：①要把一个具体空间抽象为一个二维的点；②把两个空间之间的联系抽象为一维的线，此时不考虑这种联系的几何距离。

完成上述步骤后，我们便可建立起一个二维的建筑空间拓扑结构图形（图 2-2-10）。建筑空间的组合方式有很多种，而且组合方式数量的增长速度远大于参与组合的空间数目本身的增长速度。如图 2-2-11 所示为当室内空间数目为1、2、3时，所有组合的可能性。即以拓扑结构图形表示的所有空间组合的可能性。当然我们可以根据建筑功能的具体要求，通过施加某些限制条件，如不允许以一个空间穿过另一个空间到达第三个空间来排除其中没有价值的组合方案。此时，我们还可以将空间之间的关系特征用数字形式排列成矩阵数列，然后将其输入电脑进行处理，最后再转化为拓扑图形（图2-2-12）。

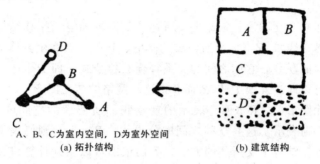

A、B、C为室内空间，D为室外空间

(a) 拓扑结构　　　　　　　　　　　(b) 建筑结构

图 2-2-10　二维建筑空间

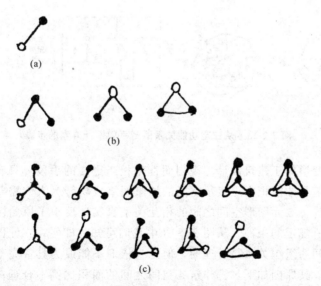

(a)

(b)

(c)

图 2-2-11　空间组合的可能性（室内空间数目为1、2、3时）

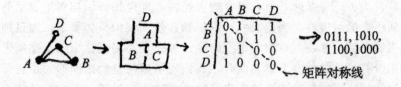

图 2-2-12 拓扑图形（"0"表示隔断，"1"表示联系）

（2）建立二元图形。根据上文所述，我们可知空间拓扑结构图形是由 P（点）、S（线）、R（面）所组成的网格，其中，点表示具体空间，线表示空间之间的联系，它们之间的关系符合欧拉公式，即 $P+R-S=2$。因此，我们可以通过互换 P 与 R 而获得这一网络的二元图形。

在二元图形中，R（面）表示的就是我们所要求的空间的二维图形，而 S（线）则表示了这些空间之间的分界线，P（点）则代表了空间边界线的相交处。结合上文所述的方法，我们依旧可以借助计算机技术把原始图形转化为它的二元图形。简言之，一旦在电脑中输入了建筑空间拓扑结构图形，即原始图形，那么电脑就可把它的二元图形通过屏幕显示出来（图 2-2-13）。

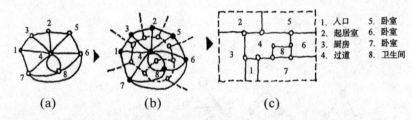

图 2-2-13 从住宅功能关系图到平面设计方案的步骤

二元变形对于建筑设计、规划而言是相当重要的手段。只有借助二元变形，建筑师才能把由点表示空间的抽象网络成功转为人们需要的空间布置图。因为，二元图形空间之间的相互关系真实地反映了原始图形建立时对各空间所规定的条件。从图 2-2-13 中我们可知，即便在二元图形中，建筑空间之间的组织关系是合理的，但是它依旧不能成为具备完整内容的建筑平面图，其原因如下：①建筑各空间之间的面积比例不合理；②空间形状不是规则的几何形状，对日后的施工任务制造了难度，特别是在建筑工业化的前提之下。当然，在部分特殊建筑中，只要利用特殊技术与材料，如喷射混凝土技术、可塑性建材等，只要对二元图形进行调整，就可将其转变为建筑设计的最终方案，从而获得一种奇妙、独特的建筑空间效果（图 2-2-14、图 2-2-15）。通常，建筑构件的标准化、建筑空间模数化与空间形状的适用性，都是在建筑设计中必须要考虑的因素。

图 2-2-14 以喷射混凝土技术建造的住宅

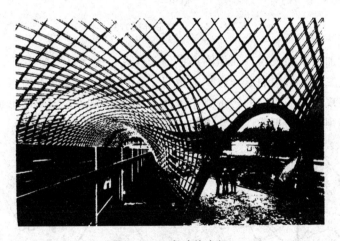

图 2-2-15 多功能市场

（3）建立几何方案。二元图形可以反映空间之间的内在关系，它是一个由一系列不定形的自由线构成的网络，因此二元图形没有尺寸的概念。多数图形可被直接转化为由直线，也就是说转为几何多边形所构成的规则网络，同时利用对各个空间外界边缘的不同限定来获得面积大小相异的建筑空间。当然，这个转化的过程可通过计算机来完成，即通过输入夹角和直线等相关限制条件。但是，依旧存在部分二元图形无法成功转变为规则图形，如果要求图形中的多边形由同样的内角和边数来构成的话（比如，常见的内角为 120°的六边形或内角为 90°的矩形），那么该部分的比例就会增大。此时，想要解决上述问题需要在原始图形中加入附加联系（次要联系），它们与原始图形反映的空间次要不同，其重要性并不强。但是，通过建立不同的次要联系，解决问题的方案就会变得多样。如图 2-2-16 所示，城市中各点之间不同的联系产生了不同的分区方案。

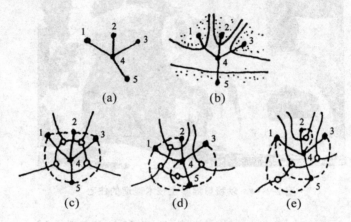

图 2-2-16　城市分区方案

当附加联系加入后，原始图形中的 R（区）的数目就变多了，而 R 的数目正是二元图形中的 P（点）的数目。正因为二元图形中的点在几何方案中可表现为直线隔墙的转折点，因此 P 的数目越多，二元图形成功转化为几何规则图形的可能性就会增加（图 2-2-17）。

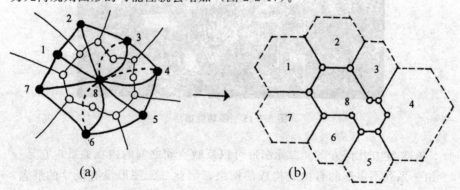

图 2-2-17　从二元图形转化为几何规则图形

除此之外，当我们根据建筑功能来建立原始网络时，还可赋予其一系列数值，这些数值代表我们希望获得的建筑空间之间隔墙和外墙的尺寸，这种图形就是数据图形。在一个以 x、y 直角坐标系建立的矩形网格中，

所有 x 轴上的数据将在二元图形中由 y 轴表现出来，反之也同样成立。一旦我们成功完成了数据图形，在计算机的帮助下，我们便可获得面积尺寸与设计要求相符。而且，我们在改变某一处尺寸时，使其他部分在保持面积不变的前提下，做尺寸上的做调整（图 2-2-18）。

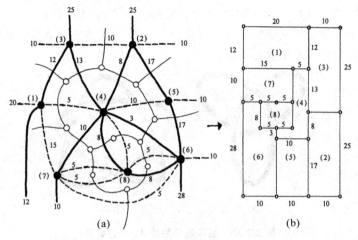

图 2-2-18　数据图形

当建筑师进行空间设计时，难免会遇到一系列相同空间均匀分布的特殊情况。各空间之间的联系条件直接决定了它们的排列方式以及各自的几何形状。如图 2-2-19 所示为这种空间的原始拓扑图形、二元变形以及最终的排列方式和形状。

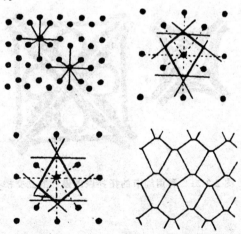

图 2-2-19　空间排列方式和形状

2. 绳节与立体交叉

在拓扑学中，绳节是相当重要的组成部分。其主要特征为立体交叉所形成的表面连续性。交叉数的多少代表了绳节拓扑图形之间的主要区别，并与绳节端头数目一致（图 2-2-20）。根据绳节原理的具体内容，建筑师可以设计出一种新型立交桥形式，其道路分支数与立体交叉数目，也就是道路分支数与绳节端头数目一致。

3   5

图 2-2-20　交叉数分别为 3、5 的绳节

根据绳节原理设计出的立交桥无论是结构造型还是经济效益都胜于传统的立交桥。如图 2-2-21 所示为利用绳节的拓扑原理设计的立交桥。该立交桥采用四个交叉的绳节原理设计，与传统的立交桥相比，十字交叉路口的立交桥的最远与最近的通过距离都大大缩短了，且占地面积更小。

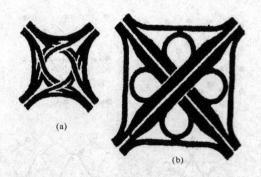

(a)

(b)

图 2-2-21　利用绳节的拓扑原理设计的立交桥

3. 标准化与多样化

随着建筑工业化特征的日渐显著，建筑师在设计过程中屡次见到以标准构件组合多样化建筑空间或是建筑形式的问题。根据组合方式的不同，

可能性也就有所差异。而且，借助传统的直觉与经验来解决问题就会失去部分有价值的可能性。通过计算机技术，建筑师可通过逻辑的数学方法来获得某个特定组合的全部可能性，这就是"菜单"。此时，建筑师就是根据设计要求合理组合原料，以最佳方案来满足顾客的需要（图2-2-22）。

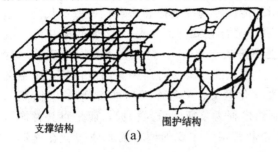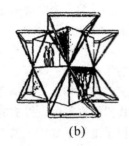

图 2-2-22　合理组合

三、建筑与层构成

（一）带状空间

莱奥纳多·贝奈伏罗在《近代建筑的历史（上）》中解析马德里"艾尔·普劳古莱索"1882 年 3 月 6 日首次报道的"带状城市"规划方案——索利亚·因·马特（西班牙规划师）以现代"带状城市"取代传统"核心都市"。此方案虽然宽度受到限制，但可沿轴线设置一条或多条铁路，形成无限延伸的"带子"。其中主要道路至少宽 40m，中央部分是电车轨道，交叉的道路大约有 220m 长、20m 宽。

（二）层构成

柯林·罗在《马尼埃利苏姆与近现代建筑》中指出："层构成"是赋予空间以结构本质及秩序的一种手段。柯布西耶在 1927 年的国际联盟总部设计竞赛中已有所运用，它具有后期立体派艺术家的"虚透明"本质。在国际联盟的设计竞赛方案中，勒·柯布西耶对观察角度做了几点限定，并且更大范围地使用了玻璃，因此与格罗皮乌斯设计的包豪斯校舍不同。

（三）条形码

莱姆·库哈斯在《拉·维莱特公园国际竞赛设计主题》中总结设计经验：设计的第一阶段是把地块沿着（东西向）划分为条形，以协调、容纳各个区域中的主题庭院、游戏广场、探险场等，避免构成要素的集中化、聚集化。这种"条形战略"在处理各个构成要素的关系上需要做出最长的"边界"，使各个条形保持渗透关系、尽可能容纳更多的内容变化。

伯纳德·屈米在《第二国家剧场设计竞赛设计主题》中总结设计经验：我们舍去了建筑上所采用的传统的构成规律和协调性。取而代之，追求一种新的"音调"或"音阶"组合方式，而不是"形态遵从功能"或"形态遵从形态"，也不是"形态遵从想象"。在这里，不存在充满艺术性的那些座席、舞台、休息室、大楼梯的分解，而存在与固定化的历史主义实践完全相反、充满不确定性文化意义、平行布置所能看到的一种惊喜。我们的方案中，没有将功能制约推翻为象征性单元构成，而是将其替换为程序中的带状"乐符"。每个带状都成为主要的调节要素或包含在连接空间中。

伊东丰雄在《微型庭院——微型电子学的建筑感觉》中总结设计经验：在巴黎国立大学图书馆竞赛参赛方案中，在校园三幢建筑物之间的空地上设置椭圆形广场（中心）。并列的两层条状楼板横穿椭圆空间。地板与屋顶既是建筑构成要素，又是调节环境、光线、声音、冷暖的装置，还是一个完全水平放置、调节光与风的大型百叶窗。椭圆与条形重合、构成"层空间"。"层空间"被构成要素实物化，具备流动性、多层性、现象性。"层空间"构成不仅仅是建筑及环境物理性、功能性构成问题，还是实现建筑及环境社会性、透明性的一种手段。

第三节　建筑类型学

建筑类型学是当代建筑学比较重要的研究领域，尤其在建筑空间的规划上，建筑类型学对建筑创作实践提供了理论基础与实践工具。建筑类型学不仅融合了类型学的相关知识，还进一步扩充完善了类型学的内容，并全面展现了类型学的实际应用效果。

一、类型学相关概念

（一）类型学的定义

类型指的是一种分组归类方法的体系，而组成类型的各个部分是用假设的各个特别属性来识别的，这些属性彼此之间相互排斥，而集合起来却又包罗无遗，因此，这种分组归类方法因在各种现象之间建立有限的关系而有助于论证与探究。

（二）类型学分类

18 世纪中叶，法国生物学家布丰撰写《自然史》，与瑞典生物学家林奈提出生物分类方法。他们认为：作为新物种的根源，类型来源于相异性的"排出"和相似性的"聚合"；类型的变化限度是维持原型的基本条件。生物分类学强调的是类型的系统构成元素、特性（排他性和概全性等）、分类尺度或特定秩序等。

1. 第一类型学——原型类型学

17 世纪中叶至 19 世纪初，由于生物学的发展、达尔文的进化论的出现，使人们有能力去重新认识世界。以自然为类型的"第一类型学"又称"原型类型学"，就是在观察、分类、研究生物形体及构造的基础上产生的。

17 世纪中叶，法国艺术家勒杜和布雷关注形式问题，并提出"纯粹形式"设计方案。从方案中我们可以发现，勒杜和布雷将类型视为一种形式。

18 世纪末至 19 世纪初，法国学院派建筑师劳吉埃尔提出"原始茅屋"理论。迪朗研究建筑构件组合原理或几何构图规律，拓展劳吉埃尔的建筑图式系统，以建筑的内在结构及构造作为切入点，提出建筑的分类方法。

19 世纪初，巴黎美院常任理事德·昆西首次定义类型概念，区分指示类型与原型的关系：类型是"原型的变体"；原型是"第一物种"；类型作为"原型的变体""原始的目的或欲望""可复制或模仿的形象"，它不同于图样式样（可参照的规则形象）、模式（可重复的对象）、模型或模式（制造与生产的规则）。

2. 第二类型学——范型类型学

19 世纪末、第二次工业革命之后，由机器来进行的大批量生产，促使产品标准化与定型化。建筑也同样不可避免地被归入了机器生产的世界，要求其反映出现代感、纯净性、经济性等工业化时代的能力及特征。此时期，出现以工业为类型的"第二类型学"又称"范型类型学"。20 世纪初，法国建筑师柯布西耶撰写《走向新建筑》，提出"模度"理论及"住宅是居住的机器"的观点。

20 世纪 40~50 年代，挪威建筑理论家克里斯琴·诺伯格·舒尔茨关注和研究"图形的可识别性""场所的拓扑性""形态的结构性"等问题。舒尔茨研究的这些问题被认为是建筑类型学中的形式问题。

3. 第三类型学——形态类型学

20世纪50~60年代，新理性主义开始批判现代主义的"范型类型学"忽略了建筑形式及其历史情感因素，忽略了建筑在城市中、在工业技术经济社会中的地位和能量，促使以新理性主义为代表的、以形态为类型的"第三类型学"的兴起。

英国建筑师理查德·罗杰斯等新理性主义者关注"城市、领域、类型、形象"四类问题，从城市和建筑的关系入手，将城市规划、建筑设计当作"形态描述""形象改写"的一种方法。

意大利建筑师阿尔多·罗西1966年发表《城市建筑学》，将类型学的概念、原理及方法应用到建筑的风格及形式要素、城市的结构及组织要素、城市的历史与文化要素上，甚至于人们的生活方式及环境要素，赋予城市形态学、建筑类型学以新的历史、人文内涵。

英国建筑理论家阿兰·柯尔孔在1967年发表的《建筑评论选：现代主义和历史变迁》及之后发表的《后现代主义和结构主义》《设计方法和类型学》论著中，批判现代主义抛弃类型学的做法，应用结构主义语言学的理论及方法，解释建筑形式背后隐含的常规体系——建筑类型学，以理论的方式说服人们接受建筑类型的概念及含义。

20世纪70年代中期，意大利威尼斯学派建筑师艾·莫尼诺发表《帕杜瓦城》，对类型学与形态学的关联性问题，提出自己的与阿尔多·罗西不同的看法。艾·莫尼诺认为：类型涉及建筑的自身结构，形态涉及城市的历史与现实风貌。强调类型，应该从历史和心理学角度看，了解城市居民的固有习性，并将其反映到建筑设计中去，而不是花样翻新，用新的模式改变人们的日常生活习惯。强调形态，应该发现城市的空间结构及肌理、内在组织及运行规律，与其做那些不着边际的革新，倒不如深入理会和运用这些模式。

意大利建筑历史及理论家安东尼·维德勒1978年编写《第三类型学》。维德勒在比较"第一类型学"与"第二类型学"特点的基础上，提出具有新理性主义特点的"第三种类型学"思想。

西班牙建筑师、建筑理论家拉菲尔·莫内欧辨析"类型"概念，并区分"类型"与"模式"的关系。他说："什么是类型？它可以被简单地定义为按照相同的形式结构，对赋予特性化的一组对象进行描述的一种概念。它既不是一个空间图解，也非一系列条目的平均，本质上它是内在结构的相似性和对象编组可能性的概念"。

4. 类型学分析

从以上三种类型学可以看出，第一类型学将建筑视为对自然规律的模仿，第二类型学将建筑等同于一系列的大规模的物件生产，这两种类型学都将建筑与建筑以外的"自然"相比较，从而获得其合法性。第三类型学关注的是城市的历时性与共时性形态，在脱离城市的特殊社会意义上探讨城市形态构成条件，将建筑视为完全独立且可以选择、分解、组合的老元素或新元素，这些元素在既有的城市形态结构基础上形成跨越时空的类型片段。可以说，第三类型学实际上就是一种结构主义。

（三）类型学的应用

通常，研究某一种属性只需要一个类型，因此类型学的运用范围很广泛，如用于各种变量和转变中的各种情势的研究。同时，类型学还可以根据研究者的目的以及想要研究的现象，为其引出一种特殊的次序，而这种次序能对解释各种数据的方法有所限制，因此，类型学体系可以在人工制品、绘画、建筑、社会制度或思想意识的各种变化因素的基础上建立起自己的独特体系。

二、建筑类型学的方法论

（一）基本原理

任何一门应用性学科都需要方法论来指导，类型学自然也需要方法论作为其实践探索的指导。通常，我们采用类型学的基本方法来具体指导建筑设计。例如，采用分类法来归纳总结现在事物已经具备的几大类型，然后把这些类型进行造型化处理，使之成为简单的几何图形，同时分析其"变体"，即从不断变化的众多要素中找到固定的要素。当此法应用在建筑设计领域时，我们需要将找到的固定要素，也就是经过简化还原后的城市与建筑的结构图式，以此为基础设计具体的规划方案，此时的方案就会与其他领域产生联系，如历史、文化、环境、文脉等。

从语言学的角度来分析，固定的要素其实就是当作工具的语言，可称之为"元语言"，与其相对应的是，变化的要素就是被描述的语言，可称之为"对象语言"。根据语言学的相关研究成果表明，如果我们仅用一种语言来描述同一种语言，其实是具有难度的，因为存在逻辑问题。那么，当被用于描述，即用作工具的语言与所研究的语言内部，自然也会存在类似的问题。此时，需要我们把语言划分出一些层次，这样一来，我们便可以从一个层次到另一个层次来研究语言，如研究英文"n"就要用英文"$n+1$"来进行描述。那么，这种分层次的方式，即在某一层次上来研究另一层次的语言所引发出来的逻辑问题就是"元逻辑"问题。

对于类型学而言，"元"是其最为重要与基本的概念内容。我们将其引入建筑领域，那么建筑类型学就是研究建筑、建筑理论的"元"理论。于是，在类型学的帮助下，建筑师开始真正了解设计的"元范畴"这个具体的概念。换言之，"元范畴"指的就是在设计的过程中划分层次，将"元"与"对象"，"元设计"与"对象设计"区分开，同时将其划分为两个不同的层次。

20世纪末期，意大利的皮里尼发明了一套建筑形式的字母系统（图 2-3-1）。在一个复杂的图表中，皮里尼将建筑的组成部分还原成它原始的基本要素，从而生成了一套基本句法，该句法将元素排列组合，这样一来建筑就在一个适当层次的构形中系统地展现出来。很显然，此图向人们展现了皮里尼的设计类型学方法，其具体步骤为：先构造出一套"元语言"，即对构成建筑的几何要素的词汇和基本句法（研究和设计），这套"元语言"构造完毕之后，最后考虑如何用这套"元语言"去构造具体的建筑作品，也就是"对象语言"。

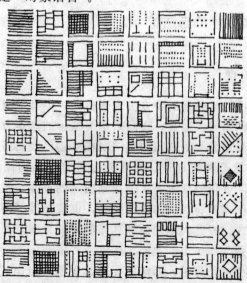

图 2-3-1 建筑平面系统的形态分析

类型学设计方法并非一成不变的方法，根据类型学的思想，不同的建筑师可以有自己的类型学设计方法。当代建筑师中有许多人都或多或少在实践中应用了类型学的设计方法。随着技术的进步，类型学在建筑领域的应用也日益广泛，而且不同的建筑师拥有独属的类型学设计方法。下面我们就具体介绍一些建筑师是如何创新、运用类型学的设计方法的。

（二）恩格尔斯——转换的方法

德国著名建筑师恩格尔斯在类型学运用于建筑设计中的表现尤为出色。20世纪70年代，恩格尔斯重点分析研究建筑的多样变化的课题，希望寻到一种既合乎逻辑，又能摆脱单一模式的现代建筑的设计方法。后来，恩格尔斯受到生物领域内"同源"与"变态"两种现象的启示，从而开始了建筑形态学漫长的研究历史，而建筑形态学也在此正式确立。

恩格尔斯通过对城市与建筑的解剖，成功发现了元素对整体变形的决定作用，这就是著名的转换法。当然，转换需要前提条件的铺垫，它的前提就是变异，而转换的具体条件便是变体要具有同源现象。这与类型学内容不谋而合。图2-3-2、图2-3-3便是恩格尔斯为了说明转换的过程而选择的照片。

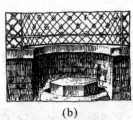

(a)　　　　　　(b)　　　　　　(c)

图 2-3-2　转换的过程（一）

图 2-3-3　转换的过程（二）

图之间的转换，借助了观者的想象。而且这个转换需要几个确切的步骤。首先我们眼前出现了一个树桩，然后树桩转换为柱础，紧接着柱础又转为柱墩，最后树桩转换为一根柱子，此时的柱子顶部还有一个柱帽，这个柱子就将成为一所住宅的支撑物之一，那么，柱子是不是还能够转为人体呢？答案是肯定的。其实，我们也可以将树桩的转换过程理解为从自然到艺术的转换。

1. 建筑单体的转换

恩格尔斯在研究类型学的初期，就将转换思想融入建筑当中，几何转换就是他早年重要的研究成果。几何转换可以通过由一个比较简单的几何转换的步骤将其演变为另一种简单的几何体的现象来具体说明。

现在，我们假设圆形空间代表一种空间内容，方形空间代表另一种空间内容。然后，我们展开想象，这两种空间内容需要各自产生新的空间形态。如果按照这个逻辑推理下去，我们可以得到这样一组空间类型：圆形空间，半圆形空间，四分之一圆形空间，凹四分之一圆空间，削去半圆的长方形空间，L形空间，带齿的长方形空间，长方形空间，正方形空间。此时我们将上述新生的空间放置在一起，自然就可以避免单一无聊的空间堆聚。与此同时，我们也可以在改建的空间中分析出它应该有的空间形态。

建筑单体的组合也可以采用几何转换法，例如，恩格尔斯在设计荷兰的恩斯赫德学生公寓时，就依次布置了圆形、半圆形、四分之一圆形、凹四分之一圆形、削去半圆的长方形、L形、带锯齿的长方形、长方形和正方形的建筑，同时，在中心交界处成功地获取了一个由方和圆的内容一起组成的广场，此时，广场的另一端就被巧妙地以一个三角形建筑收尾（图2-3-4）。广场上新奇的几何体被人们称为"恩格尔斯几何"。

经历众多建筑设计实践后，恩格尔斯很快就发现了建筑元素对建筑形式的决定作用。围合建筑的面、门、窗、踏步、坡、道、楼梯间、阳台等多是建筑元素。此时，我们需要给自己一个已知的类型，那么通过对这一类型在以上的各个元素进行转换，就能获得多个新类型。例如，当我们选择楼梯间这个建筑元素时，我们可得到无数条转换链，我们选择其中一条作为说明：现在，我们假设楼梯间以圆柱体为其定形，那么它一开始是被安置在建筑内部的，然后从中部露出，紧接着被移到前面，而后被移到了后面，之后还可以向下移到转角上，这样，至少这五个单体都具有一种"同源"感。此时，只要我们将圆楼梯间变成两个半圆的形式，这条转换链就可以无穷地进行下去。

得到建筑元素对建筑形式的决定作用的具体观点后，恩格尔斯便在马

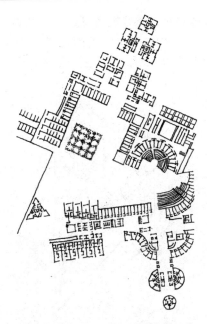

图 2-3-4　荷兰的恩斯赫德学生公寓

尔堡城市住宅方案中充分地利用了这个方法。马尔堡城市住宅位于当地的历史地段，用地呈方形，其空间特点是在一个角落内有一幢该城市历史最悠久的建筑。根据建筑所在的地理特征，恩格尔斯开始对大量多种形态的类型进行形态研究，最终确定了一个"L"形构型。这个 L 型同样是由五个立方体来构成的。这五个立方体就直接决定了这幢建筑中五个单体的"同源"条件。而后，恩格尔斯开始对这五个立方体进行转换设计，为此设计多种立方体构形（图 2-3-5）。

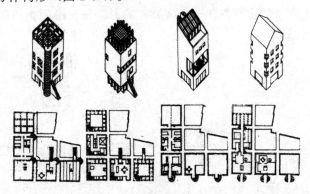

图 2-3-5　马尔堡城市住宅方案

　　除此之外，恩格尔斯为设计的居住与办公大楼也是一个展示其如何应用元素转换处理一组对称的优秀建筑实例。在保持两个实体在体量、结构等因素均等的条件下，恩格尔斯在墙面的视觉处理上进行了虚实对比转换，使人们觉得这两个实体都是从对另一个实体的否定中得来的（图 2-3-6）。

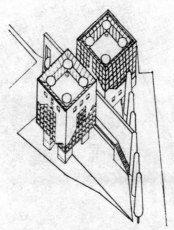

图 2-3-6　居住与办公大楼

2. 街区的转换

街区的转换是将街区视为城市的基本元素而进行的元素转换。一般情况下，街区的转换完成的是由实体到空间的转换。

恩格尔斯对科隆·格吕祖格南进行改建规划时，就采用了街区转换的方式，其转换链为：在整体布局上，从西部到东部，由单个单元组成的一个板式建筑的街区类型→开敞的建筑街区→封闭的建筑街区→锯齿形的建筑街区→不完全的建筑街区→布满街道的街区→开敞的街道区→插入建筑物的街区（图 2-3-7）。

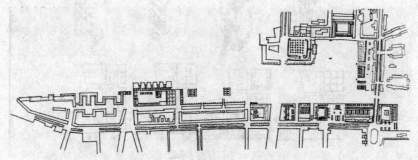

图 2-3-7　科隆·格吕祖格南改建规划

3. 内外转换

最原始的空间类型就是内部与外部，因此，我们将人类社会早期的建筑当作是外的类型，与之对应的，现当代的建筑就是内的类型，反之亦可。于是，建筑于其内的类型转换，它的外的类型就是现代的建筑。这就是转换的辩证法。

在设计法兰克福的建筑博物馆时，恩格尔斯就大胆应用了"空间中的空间"的类型思想。这座历史悠久的博物馆具有浓厚的地方特色。根据建筑当地与自身的特色，恩格尔斯决定保留博物馆的外部造型，同时在其外部用巨砖建造了一道墙，在墙与建筑中间加上了玻璃顶，这样便实现了传统建筑与现代城市之间的互动。除此之外，恩格尔斯还在博物馆内部架起了一个混凝土格架，并且在内部中心的位置设立了架子，该架子是用现代材料铁与玻璃制成的，以此用来表现博物馆内部的现代功能。这样便形成了传统与现代的空间转换（图 2-3-8）。

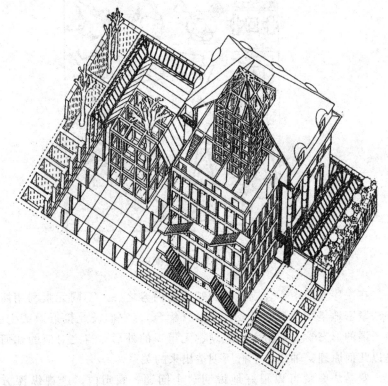

图 2-3-8　法兰克福的建筑博物馆

（三）罗伯特·克里尔——空间类型学

卢森堡建筑师罗伯特·克里尔也在建筑领域的类型学应用上颇有成就。他曾对欧洲传统城市以及相关建筑实例进行了整理与研究，将建筑空间具体划分为四大类型，即方形、三角形、圆形以及自由形。但是，这四大类型仅仅是基础性的，这些基本类型经过合成、贯穿、扣结、打破、透视、分割以及变形等工艺手法，可以产生各种新的空间形式（图 2-3-9）。

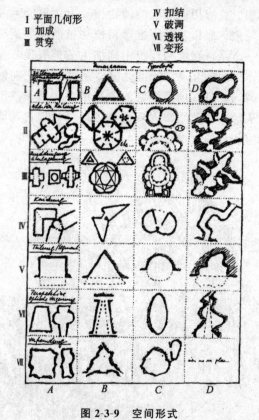

Ⅰ 平面几何形　　　Ⅳ 扣结
Ⅱ 加成　　　　　　Ⅴ 破调
Ⅲ 贯穿　　　　　　Ⅵ 透视
　　　　　　　　　Ⅶ 变形

图 2-3-9　空间形式

在次序原则中，合成是最为基本的内容之一。不同元素利用简单的附加法紧密地集结，最终形成一个群（集合）。它们彼此接近而产生关联性。由所谓的形态学关系衍生不规划、无组织的外形。与之对应的几何关系就是以几何原理、轴线、平行所创造出来的关系。

罗马法庭就可以很好地说明这个问题。庭园内，透视纵深方向，中殿、侧廊等一系列封闭空间呈现在眼前。横方向，柱列的穿透性，整个空间都可以看到。采用从侧廊向中殿的方向增加高度的手法来强调中殿，与此同时，通向祭坛的方向性也得以加强。因此，我们就得到了一个以空间的不同高度表达空间层次的设计手法。

贯穿的表现形式有三种：第一种，由两个或数个不同几何形的空间重叠、交合成新的形。在此过程中，其中一个或两个会变形。换言之，它们各自的独立性消失了。因为，上述操作催生了破碎的个体；第二种，两个空间重叠却依旧保留两者的独立性，如果将其摆放在一起，便能创造出新的空间特质；第三种，两个原独立的空间以一个包含另一个的方式进行重叠，从而形成空间包含空间的形态。如果室内空间以柱列为界被分离出来，那么我们还可以同时体验整个空间。如果放置两个空间的距离较近，甚至大小都接近，便会给人一种该空间具有双重边界的深刻印象。

扣结、分离、破碎、弯折及打破等转换方式是以基本几何形为基础的，这些方式适合于不同的几何元素间在组合时的协调；或是以一个几何形为主，其他形式为辅的组合的情况。

罗伯特·克里尔认为上述转化原则无论是对室内的空间设计还是城市范围内的空间设计都具有出众的效果。在开创新的设计方式的同时，罗伯特·克里尔又很注重吸收借鉴传统。因为，他认为传统不应该只是抽象的印象，而应该存在于每个建筑实例中，于是，罗伯特·克里尔对无数的建筑实例进行了研究与归纳，如罗伯特·克里尔认为室内空间形式可以划分为下列各种类型：正方形室内空间，源于方形的变形空间，韵律性系列空间，长方形室内空间，八角形室内空间，交叉形室内空间，圆形空间。

罗伯特·克里尔将所有的空间类型变换方式都进行了归纳与总结，并在此基础上展现众多变换方式的实际应用的效果，他对建筑类型学的研究成果对于类型学与建筑学本身都具有极大的推动作用，为日后建筑学者对建筑具体空间进行类型学上的分析、研究提供了理论基础，更是为日后具体空间形式的确立提供了可借鉴的工具。

第四节　建筑评论实践

对于艺术领域的任何一个分支而言，评论都是艺术创作不断进步发展的重要因素。尤其在建筑领域，建筑创作的发展在一定程度上依赖于建筑评论的进步。随着大众审美意识的提高，建筑评论也得以更新与完善，从而推动建筑设计创作实践不断发展。

一、建筑评论的概念论述

(一) 建筑评论的定义与意义

1. 建筑评论的定义

建筑评论是一种既具有专业性、学术性，同时又具备社会性和群众性基础的建筑科学文化艺术活动。建筑评论不仅将建筑理论与设计实践紧密结合在一起，而且在建筑业界与普通公众之间搭建起了互动的桥梁。建筑评价离不开建筑文化实践活动，因为它需要将实践活动进行详细记载、描述、总结、归纳、阐释、论证与评价，甚至包括了评论者主体的表达。

2. 建筑评论的意义

建筑评论的意义与作用极为突出，它可促进建筑师对设计进行及时的反思，不断给予建筑师设计灵感，还可以积极引导大众对建筑师的设计进行正向的理解与欣赏，而后将社会需求以及公众的意愿真实地反映给建筑师。从而实现提高社会公众的建筑科学文化素质，促进建筑创作设计和整个建筑文化事业的繁荣的目的。

现如今，人们都充分意识到了建筑评价的重要性，但想其发挥正能量且对建筑使用者与接受者同时作用，就需要业界大量开展形式各异的建筑评论活动。建筑活动的受众借助生活体验对建筑空间环境所做的即兴式（口头式）的评论就是最为常见的建筑评价的形式。除此之外，我们还应该充分利用传统媒体与新媒体丰富建筑评论活动的形式，在此过程中要积极施展专业性建筑评论的主导影响力。

总之，建筑业界的建筑评论不仅对于建筑设计而言至关重要，它还对整个建筑评论活动起着积极主导的作用，同时促进建筑文化的发展。当下，我们应当努力提高建筑评论在社会上的地位，以便更好地发挥建筑评论积极、健康的作用。因此，我们应该不断提高建筑评论的质量。

(二) 建筑评论的标准与尺度

1. 何为建筑评论的标准与尺度

建筑评论归属于建筑科学文化领域，它的主要特征为评论主体对评论对象的"评价"。换言之，评论主体在基于一定的建筑价值观与具体的建筑评价标准、尺度下，对评论对象进行辨析与判断。虽然，"评价"并非建筑评论的最终目的，但是，想要实现评论的功能与作用就一定要通过"评价"这一环节来实现，完成"评价"工作需要一定的依据，这就是标准与尺度。如果没有标准与尺度，"评价"就会失去内在逻辑，从而失去存在的意义。因此，评价离不开标准和尺度。

但是，在建筑评论中，人们常常会产生疑惑——建筑评论是否应该有一定的标准和尺度。可见，当下建筑评论的标准与尺度没有形成统一的标准。质疑虽在，但人们依旧承认评论标准和尺度存在的事实。因此，人们还是会按照各自对建筑本质与特征的认识去判别各种建筑作品以及建筑现象，并且按各自持有的价值取向和标准尺度来评价建筑。可见，人们只是无法认同评价标准的不恒定、不统一、不绝对。这就促使业界必须对有关建筑评论标准和尺度的问题做更深入的探讨，以便更加科学合理地把握建筑评论标准和尺度，更有效地开展建筑评论活动，使其发挥更加积极的作用。

2. 把握建筑评论的标准与尺度

（1）主导性原则。虽然建筑评论的标准和尺度是分层次的、多元的且不断发展的，但建筑评论的目的是促进建筑设计实践，因此评论必须顺应时代的社会生产、生活方式以及社会经济发展趋势和社会需求，同时把握当代主导的建筑价值观和价值取向。只有这样才能从宏观上把握建筑文化的主流以及发展方向。

（2）综合性原则。建筑学是综合的科学和艺术，建筑创作设计和建筑环境涉及实用功能、环境空间、审美艺术、工程技术和经济等多方面，各个方面都有明确的建筑评价标准和尺度。因此在评论时应以综合的、全面的和系统的眼光来把握评价标准。即便评论不可能面面俱到，多数评论者有针对性地从某个或某个角度来做深入的评价，但评价还是要具有综合全面的思维意识，不可以偏概全，或与其他方面要素相抵触，从而避免评价失去客观性。

（3）开放性原则。建筑评论标准处于动态发展且更新的过程中。多元共生的建筑文化需要开放的建筑评论，也就是说要具有探索的意识。评论要以社会生产、生产方式、科学文化和技术经济背景为宏观参照系，基于现实的建筑文化实践，满足社会需要，顺应时代发展的主导潮流，不断更新观念，提出新的思想理论，确立新的评价标准和尺度，并敢于对旧的标准进行质疑。只有这样评论才能起到促进与引导创作实践的作用。

（4）科学性原则。科学性原则主要包括两方面内容，一方面为科学的原理、思维和方法，另一方面为科学的意识和态度。建筑是一个包括科学技术和社会文化艺术的复杂体系，尽管其本身存在大量模糊因素和相对模糊的评价标准，但评论不能凭个人好恶主观臆断，需要遵循标准与尺度的客观规律性与科学性，要有严谨的科学态度，如评价某建筑作品的功能是否合理及其空间环境的物理、生理、心理效应乃至对环境的生态影响，应该以具体的功能使用要求、人体工程学、环境心理学、建筑物理学以及建筑生态学等学科的有关科学原理为依据。

（5）具体性原则。具体性原则指的是在把握建筑评论的标准和尺度时要针对具体的评论对象区别对待，根据实际情况具体分析。不同的建筑类型、不同的使用对象、不同的建筑等级，自然有不同的建筑评价标准，上述内容都需要建筑师深入分析研究，多了解、掌握与设计相关的背景资料，以便更加灵活地把握评价标准和尺度，更加客观公允地评价其利弊得失。❶

二、当代建筑评论下的建筑实践——绿色建筑

在当代建筑评论的不断进步中，一种全新的建筑创作设计实践应运而生——绿色建筑。绿色建筑就是以生态学的科学原理指导建筑实践，创造人工与自然相互协调、良性循环、有机统一的建筑空间环境。可见，绿色建筑是以可持续发展为理论基础的，而建筑评论也与可持续发展理论有着密不可分的关系，两者之间相互影响、相互作用，共同推进新时代背景下建筑创作实践的探索。

（一）建筑评论与可持续发展的绿色价值观

现如今，环境与发展早已成为全球上下重点关注的话题，而"可持续发展"作为当代人类社会的发展战略，已被世界各国所公认并成为人类共同的抉择，保护生态环境、实现可持续发展已成为世界性紧迫而艰巨的任务。建筑作为人工空间环境的创造便与自然生态环境具有密切的联系。

当下，探索可持续发展之路已成为当代建筑发展的主导方向和建筑文化的主流方向，确立可持续发展的绿色建筑观，探求可持续发展的绿色建筑理论及其创作设计方法，而当代建筑文化活动的主要内容便是研究开发可持续发展的建筑技术。可持续发展的绿色建筑观不仅应作为建筑创作设计的基本指导思想，而且应成为建筑研究的理论基础和方法论，并为建筑

---

❶　朱大明．关于建筑评论的标准与尺度［J］．建筑，2001（5）：40—42.

的功能、空间、形式、技术、经济、文化和艺术注入新的内涵，同时极大地拓展建筑理论探索和创作设计的领域，从而为建筑评论拓展视野。

可持续发展的绿色建筑观开始成为建筑评论的基本价值取向，可持续发展的绿色建筑创作原则也成为建筑评论的重要标准；而当代建筑评论不仅有利于可持续发展的绿色建筑观和创作设计原则的确立，而且有助于探索可持续发展的绿色建筑理论和方法，并以此为基础积极引导可持续发展的绿色建筑创作设计实践。

（二）绿色建筑的基本原则和标准

通过上文的相关论述，我们已知绿色建筑对建筑评价与建筑实践的意义。绿色建筑在秉承可持续发展理念的同时，还需要遵守相应的原则与标准。具体归纳如下。

1. 保护自然生态

保护自然生态原则强调建筑及其建成环境要与自然环境协调共生，要尽可能减少人工环境对自然生态平衡的负面影响，人工环境要与自然环境有机结合。

2. 节约能源与资源

节约能源与资源原则强调建筑的规划设计、施工建造、使用运行和管理维护等一切建筑活动应尽可能节约自然资源和能源消耗；提倡经济、合理、实用、高效，反对铺张、浪费和奢侈；采用人工与自然相结合、现代高新技术与传统适用技术相结合、行政干预与市场经济相结合的方式，最大限度地提高建筑资源和能源的利用率。

3. 健康卫生

健康卫生原则强调建筑及其建成环境要有利于人的身心健康，避免或减少环境污染，应采用无毒、无害、环保型绿色建材，采用耐久性的、可循环、重复利用的材料；尽可能充分利用太阳能、风能、地热、地冷等自然清洁能源；应设置水循环利用系统和固体垃圾、废物的收集、回收和处理系统等；大力发展立体绿化，充分发挥园林绿化保护和改善建筑环境的作用，满足现代人回归自然的心理渴望。

4. 灵活开放

灵活开放原则强调建筑的空间和使用功能应适应社会的发展变化，要求建筑空间应具有包容性，功能应具有综合性，使用应具有灵活性和适应性以及易于发展的可扩展性，从而使建筑的使用功能具有与其物质结构的耐久性相适应的持久生命力，不仅能很好地满足其当前的使用要求，而且应避免建筑物因其功能失效而大量、频繁地拆除重建，使建筑具有潜在而巨大的节能、节材、节约资金以及减少生产和施工对环境的污染等综合效益。应把建筑及其规划设计当作一个持续不断的动态生长过程，要有预见性地研究建筑与社会发展的互动关系，要做到近期规划与长远规划相结合，为扩建和改造留有余地，提倡"弹性设计""预留设计"和"潜伏设计"等，优先采用具有灵活性和可变性的建筑结构和设备系统；发展模块化、标准化，易于维护、更新的建筑设备和部件等。

综上所述，可持续发展理念极大地推进了当代建筑观的改变，从而为建筑理论领域以及设计实践提供了创新开展的新方向，更重要的是为建筑评价开拓了更为宽广的视野。

由此可见，当代建筑评论应该充分发挥为建筑设计实践信息反馈和自律机制以及基于建筑创作设计实践评价的理论探索优势。深入了解可持续发展的战略性目标，将关注点更多地放在绿色建筑理论层面的探究以及建筑设计实践中，从而提高绿色建筑评论在整个建筑评论活动中的地位，最终为可持续发展的绿色人居环境创造起到积极促进与引导的正面作用。❶

三、建筑评论视角下的普利兹克奖

（一）建筑学界的诺贝尔奖——普利兹克奖

普利兹克奖，有建筑界的诺贝尔奖之称。该奖项是 1979 年由杰伊·普利兹克和妻子辛蒂发起，凯悦基金会所赞助的针对建筑师颁布的奖项。

每年约有五百多名从事建筑设计工作的建筑师被提名，由来自世界各地的知名建筑师及学者组成评审团评出一个个人或组合，以表彰其在建筑设计创作中所表现出的才智、洞察力和献身精神以及其通过建筑艺术为人类及人工环境方面所做出的杰出贡献，被誉为"建筑学界的诺贝尔奖"。

---

❶　朱大明．当代建筑评论的新视野——可持续发展的绿色建筑［J］．新建筑，2000（3）：51—52．

（二）普利兹克奖作品赏析

1. 王澍——第三十四届普利兹克获奖者

王澍，作为活跃在中国建筑第一线的建筑大师，他的作品总是能够带给人耳目一新的感觉，即使是那些对建筑司空见惯的人而言。凭着对项目场地的独特见解，对中国传统文化在建筑中的高超表达以及对不同建筑材料组合的巧妙把握，使得王澍的作品有着一种独特的象征性和延续性（图2-4-1、图2-4-2）。

普利兹克奖评委会主席帕伦博勋爵曾经这样评价王澍："他的作品能够超越争论，并演化成扎根于其历史背景永不过时甚至具世界性的建筑。"

"中国建筑的未来没有抛弃它的过去。"这是《时代》杂志最认可王澍的理由，另一种认可源自王澍选择建筑材料的"环保"理念。

我们要想探寻王澍的建筑观点，必须从其具体作品中寻得。最能体现王澍建筑观点的非他的中国美院象山校区莫属，中国美院院长许江慧眼识珠，将整个新校区交给王澍来做，而王澍也没有辜负其信任，并没有将位处中国最具诗情画意的城市杭州的中国美院新校区做成当代大学统一的现代建筑规划模式，而是将其打造成一个具有桃花源般美丽的、具有传统田园特质的新型校区。在象山校区中，王澍抛弃了现代建筑经典规划手法，去除了没有现场意义的轴线关系、对称关系等手法，而是将周围环境作为建筑规划的最大依据，从而形成了自由的、外松内紧的、拥有清晰场所关系的规划模式。王澍在校园内保留了一片农田，使用了因城市化而拆除的传统建筑的旧砖瓦，建筑造型上也试图用一种饱含传统记忆而又简洁优美的造型来达成其建筑与场地的关系。

图 2-4-1　中国美术学院象山校区

图 2-4-2　垂直宅院

2. 伊东丰雄——第三十五届普利兹克获奖者

伊东丰雄的建筑理念相当具有特色，他受到法国当代最重要的哲学家吉勒·德勒兹和日本哲学家 Sosuke Mita 的影响，将自己的建筑理念透过"游牧"的概念发挥。

一场关于日本后现代建筑演讲上这样描述了伊东丰雄："在后现代艺术运动里，伊东释放了建筑学的古老角色，让它不再仅是人类社会当中高效率的机器，在伊东的建筑语意中，我们可以看到软而透亮的疆域逐渐形成了一股强而有力的群体；伊东的建筑显现了都会中的人文环境关系，将今日高度发展的大都会风景描绘得更加具体。在这些建筑理念发展过程中，介于高度经济发展和建筑学理念的达成间，伊东有顺序地探索了其中丰富的层次。"

透过许多小型建筑的作品，伊东将自己的建筑学定义成都会生活的"着装"，这一点在现代日本人密集的都市景观中更加突显。透过伊东的巧手，都会里人们需求的隐私和对公共空间的渴望，他的小型建筑可说是在这两者间达到了完美平衡。伊东的建筑师事务所逐渐将他的建筑理念落实到更多的作品里，同时也探索了新的造型潜力。他正不停寻求着新空间和游牧理念间的可能性（图 2-4-3）。

图 2-4-3　仙台媒体中心

3. 坂茂——第三十六届普利兹克获奖者

对于坂茂来说，社会责任意味着使用一些建筑材料，像硬纸管、竹子、泥砖和橡胶树。这些材料不仅容易得到，而且便宜，可以循环使用。因此在建筑界，坂茂也以敢大胆使用最廉价、最脆弱的材料而闻名。2006年，他用中国竹编帽子设计的法国蓬皮杜中心新馆，从其他 153 名竞争对手中脱颖而出；日本神户大地震时，他仅用一天时间，为失去家园的灾民盖起了一座纸筒教堂；他还提出用传真纸筒芯代替钢筋水泥的想法，2008年汶川大地震时，又参加国际灾后重建……

正如普利兹克建筑奖评委会所说的那样，坂茂博士通过他高超的建筑技艺为遭受自然灾害地区的无家可归者和丧失财产者提供了志愿服务，他特别强调对尖端材料和技术的运用，有充分的好奇心和执着，创新永无止境。同时，坂茂也很重视和行业内的同行交流经验，2013 年底，他参加在清华组织的 ECGB 亚洲建筑论坛时已经向中国的建筑界同仁们进行了充分的诠释。在当时的论坛上，坂茂博士作为主讲嘉宾，以"走向建筑设计与社会贡献的共存"为题，向现场的近 500 名国内建筑界人士讲述了他的建筑理念与经典案例，获得了听众们如潮的掌声和高度的评价（图 2-4-4）。

图 2-4-4　赫斯利九桥高尔夫球会所

4. 弗雷·奥托——第三十七届普利兹克获奖者

弗雷·奥托，1925 年 5 月 31 日出生于德国，是著名建筑师、工程师、研究员、发明家。他的成名作是 1972 年的慕尼黑奥林匹克体育场，该体育场开拓性地使用了轻型拉膜结构，而在此之前传统的体育场都是封闭式的严苛单一形象，弗雷·奥托的设计打破了这一传统，他的设计也被认为象征着新兴、民主和乐观的德国。2015 年 3 月 9 日，弗雷·奥托去世，促使普利兹克奖委员会打破惯例提前宣布弗雷·奥托获得 2015 年普利兹克奖。

奥托的建筑设计以设计技术进步和可持续使用轻量级、灵活的结构而闻名于世。弗雷·奥托认为人类是自然的一部分，我们应该建造的是和自然界共生的社会。这里的自然界奥托认为包括无生命的，有生命的，已死去的。这个观点类似于中国的"天人合一"的哲学。奥托非常重视自然的规律，他试图从中找到适用于自然界和人类社会的通理。弗雷·奥托认为这是他高于很多建筑师之处，他已经从形而上的高度来理解建筑，思考建筑（图 2-4-5）。

图 2-4-5　国际和环球博览会

5. 亚历杭德罗·阿拉维纳——第三十八届普利兹克获奖者

亚历杭德罗·阿拉维纳代表了社会参与型建筑师的复兴，特别是从他应对全球住房危机的长期计划和为人类争取更好城市环境的实践中可以看出这种特征。他对于建筑和城市社会都有着深刻的理解，并且表现在了他的写作、行动和设计上。建筑师的角色现在需要应对服务更广大社会和人类需求的挑战，而亚历杭德罗·阿拉维纳明确、慷慨并全身心地应对了这种挑战。因为其作品呈现的启发性以及为过去和未来的建筑和人类做出的卓越贡献，2016 年普利兹克建筑奖授予亚历杭德罗·阿拉维纳。

亚历杭德罗·阿拉维纳引领能够全面理解建造环境的新一代建筑师，并清晰地展现了自己融合社会责任、经济需求、居住环境和城市设计的能力（图 2-4-6）。

图 2-4-6　智利天主教大学 UC 创新中心

6. 拉斐尔·阿兰达、卡莫·皮格姆和拉蒙·比拉尔塔——第三十九届普利兹克获奖者

拉斐尔·阿兰达、卡莫·皮格姆和拉蒙·比拉尔塔原本是同学，1988年，三人毕业后回到家乡，共同创立了以三人首字母命名的 RCR 建筑事务所。他们的作品具有浓郁的地方特色以及与地貌景观充分的融合。这种无缝的关联来自对当地历史、自然、习俗和文化等特征的充分理解以及对光线、阴影、色彩和季节的细致观察（图 2-4-7、图 2-4-8）。

图 2-4-7　Les Cols 餐厅

图 2-4-8　Bell – Lloc 酿酒厂

7. 巴克里希纳·多西——第四十届普利兹克获奖者

"以人为本，引发共鸣，意义非凡，这是巴克里希纳·多西对建筑界的贡献，对人类社会产生了深刻的影响。"普利兹克奖评审团将本年度的奖项颁发给多西，旨在表彰他在一百多座建筑作品所展现出的卓越建筑才华；赞扬他对国家和自己所服务的承诺与奉献，他作为教师的影响力以及他在漫长的职业生涯中为世界各地专业人士和学生所树立的杰出典范。所有认识他的人都爱称其为多西，他曾经与两位 20 世纪建筑学大师勒·柯布西耶和路易斯·康共事。毋庸置疑，从他早期采用的强有力的混凝土形式中可以看出，他深刻地受到了这两位建筑师的影响。

巴克里希纳·多西的作品带有印度特色的批判性地域主义建筑，在极具雕塑感的混凝土和砖砌体量中实现。他在建筑形态上深受导师影响，而空间布局和城市规划上的本土元素则明显可辨。这种东西方、古与今两相调和的手法在多西自己设计的桑珈工作室得以最清晰地体现。项目大胆地运用了混凝土制的半圆形大拱廊，与公共空间、庭院和水景组合，为印度的气候环境增添凉意（图 2-4-9、图 2-4-10）。

图 2-4-9　艾哈迈达巴德洞穴画廊

图 2-4-10　通向桑珈建筑师工作室入口的露天剧场的草地台阶

第三章　多学科与建筑学的融合及渗透

在上一章中，我们对独特魅力下的建筑学进行了具体探讨。本章主要围绕多学科与建筑学的融合及渗透展开具体论述，内容包括文化人类学、环境生态学、现象解析学、行为心理学、语言符号学以及信息传播学。

第一节　文化人类学

一、文化人类学的起源与发展

1871 年，人类学家泰勒（英）提出"人类文化学"。以泰勒、摩根为代表，提出"野蛮—西欧文明"单线型理论。

18 世纪末至 19 世纪初，被称为人类文化学的"进化论时代"。受达尔文"生物进化论"和爱迪生"时空相对论"思想的影响，人类文化学学者认为：①文化不能简单以新或旧划分，旧文化可能是新文化的萌芽，文化的精髓在于其内涵；②文化发展具有阶段性，无所谓优劣之分；③文化发展具有渗透性，不能孤立存在，应与其他学科构成"学科群"。

19 世纪，被称为人类文化学的"历史主义或文化相对主义阶段"。人类文化学学者承认地域文化及其差异的存在，认为殖民主义文化扩张使地域文化更加突显，主张拓宽视野、从地域文化及殖民主义文化入手研究当代文化。

20 世纪 30～40 年代，被称为人类文化学的"理论概括、总结阶段"。此时期，出现各种流派、各种研究和发展方向（表 3-1-1）。

表 3-1-1　人类文化学学派及其主要观点

1. 文化进化论	泰勒、摩根提出"野蛮—西欧文明"单线型理论
2. 文化传播主义	巴斯莱安、格雷布内尔、拉策尔等人，提出文化由"边缘"向"中心"靠拢、由"高文明"向"低文明"单线型传播理论

3. 功能主义文化论	马林诺夫斯基认为"人创造了文化环境、文化环境创造了人"；文化具有一定的社会功能——人类获取生存自由的目的和含义
4. 象征主义人类学.	怀特认为人类的行为表现是多义的，追求象征意义的目的在于促进对文化多义性和多层次的现实理解
5. 文化符号论	卡西尔、利科尔指示文化符号研究有对象背景、形式、演变三个层次，把握现象与本质、形式与内容、人与物之间的关系，揭示文化现象所蕴含的深刻、内在意义
6. 文化整合理论	迪克特认为"文化行为趋于整体整合""文化行为从本质上讲是一种地域行为""整体不是所有部分的总和，是一种由部分之间独特组合和相互联合而产生的实体""文化研究需要从整体入手，着重于要素之间的相互关系研究"
7. 人类生态学	有"人类中心主义""批判人类中心主义"两类思想及主张

20 世纪 60 年代，被称为人类文化学的"新方法、新观点脱颖而出阶段"。此时期开始批判"文化进化论"。

文化进化论（被称为古典人类文化学）对文化的定义包罗万象，对后人的影响力最大、影响时间最长；理论建构缺乏基础依据，属于"先验式"理论，引起人们对其真实性的怀疑；理论发展有无法解释的"残留"现象，不能给以简单否定或肯定评价。

在方法论上，文化进化论的特征是：①通过比较说明西欧文明由野蛮发展而来，被视为文化进化的顶点，社会进化可由此分类和衡量高低，文化进化的道路只此一条，即从野蛮到文明呈单线型发展；②历史的残留习俗客观存在，但无法解释（"残留说"）；③承认万物有灵（"万物有灵论"）。

文化进化论所指示的家族、婚姻关系在居住建筑形态上会有所反映，是社会文化进化的标志物之一。以文化进化论的观点，研究建筑文化应从历史发展的基础、动因、条件入手，理解建筑，新兴的"依据学"研究就是此方法论的一个开始。

二、文化人类学与建筑学的交叉

文化人类学自 18 世纪末、19 世纪初开始，至今已有近 200 年的发展历史。传统的文化人类学是研究社会各发展时期、各地理区域中人类思想意识、行为规范、行为结果及其关系、发展规律的学科，是一些概念、定义、结论的集合。现代人类文化学主要研究人类文化及其发展过程，研究内容和方法呈现动态、多学科交叉、多学派共同发展的格局和趋势（表3-1-2）。

表 3-1-2　文化人类学理论的发展

进化论时代	18 世纪末、19 世纪初，以摩根、泰勒为代表，提出"野蛮—西欧文明"单线型理论
历史主义、文化相对主义阶段	以殖民主义扩宽视野，承认地区文化及其差异的存在
理论概括、总结阶段	出现各种流派、各种研究和发展方向
新方法、新观点脱颖而出阶段	20 世纪 60 年代以后，开始批判"经典文化论"

建筑文化学由建筑学与现代人类文化学交叉形成，借助于文化学理论去认识和理解建筑，研究建筑物质与意识形态的关系、规律。

与文化人类学相比，建筑文化学的研究内容不变，但研究角度和方法不同（表 3-1-3）。

表 3-1-3　文化学与建筑文化学比较

对象	建筑学	文化学	建筑文化学
性质	自然与社会交叉学科	人文学科	自然、社会、人文交叉学科
内容	建筑环境创造技术、艺术的总和	人类社会思想意识、道德规范、关系规律	取决于文化广义性、狭义性的认识理解
概念	空间环境、空间环境建构活动、建构学问法则	物质与意识形态（广义的）、意识形态（狭义的）	建筑中的文化（同位词组）文化中的建筑（偏正词组）
要素	建筑物、设备设施	物质要素	形
	技术、艺术、语言、制度	心物要素	形意结合
	思想、观念、意识	心理要素	意

建筑文化学的形成条件是：①文化的客观存在与主观感知；②唯物论与唯心论一致承认建筑文化的存在；③文明与文化是不同时代的产物；④求生存（物质满足）、求完善（制度改革）、求提高（真善美思想境界）是人类发展的规律和趋势。

建筑文化学中的建筑分类：

（1）区域性：分宏观（欧洲、中东、中南非、南非、东亚、东南亚）、中观（如东亚中又分为中国、蒙古、朝鲜、日本等）、微观（城镇村落、居住建筑、个人与家庭等）三个层面。

（2）构成性：计划、设计、施工、验收、使用五类。

（3）心理性：认识（感觉、知觉、表象）、感情（情绪、情趣、情感）、意志（主观选择、决定、执行）三个环节。

（4）结构性：文化内涵要素包括物质、心物、心理三种要素及层面；文化结构要素包括感觉、判断、感情、选择等层面。

（5）历时性：欧洲区（古希腊、古罗马、中世纪、文艺复兴、工业革命）、中国区（秦汉、两晋、隋唐、梁宋、明清）。

建筑文化学中的几个基本观点：

（1）基本功能——创造"安居乐业"居住环境，体现审美追求，反映社会文明（如婚姻）制度，遵从社会礼仪。

（2）基本条件——人类智慧、人类面对的自然环境是建筑文化发生、发展所依赖的基本条件。

（3）建筑文化界定——建筑是人居住行为、构筑行为的综合及抽象，行为与空间具有相关性；行为有显性与隐性行为、习得与非习得行为等。涉及文化过程与趋向、文化场所、文化性刺激等问题。

（4）文化传统——传统在历史中形成，也在历史中流变。人类社会生活中，文明、文化灵魂或精神前后相继，主导历史延伸和继承，并构成传统精神的整体。历史文化的延伸和继承涉及传统价值、文化冲突与整合、生存与发展等问题。建筑历史就是追寻传统，发展传统、丰富传统的历史。

（5）建筑语言——建筑空间、具有象征意义的造型符号是表达建筑规范的语言。

第二节　环境生态学

一、环境生态学的概念

"生态（Eco-）"一词来源于古希腊字"住所（oikos）"，意思是指我们的家或者环境。简单地说，生态就是指一切生物的生存状态以及它们之间、它与环境之间环环相扣的关系。

"生态学（Oikologie）"一词于 1865 年由希腊学者勒特（Reiter）合并"研究（logs）"和"房屋、住所（oikos）"两个词语而构成。

生态学的产生最早是从研究生物个体而开始的。

1866 年，德国动物学家恩斯特·海因茨·海克尔（Ernst Heinrich Haeckel）初次把生态学定义为"研究动物与其有机及无机环境之间相互关系的科学"——研究动植物及其环境间、动物与植物之间及其对生态系统的影响的一门学科。

如今，生态学已经渗透到各个领域，"生态"一词涉及的范畴也越来越广，人们常用"生态"来描述美好的事物，如健康的、美的、和谐的事物均可冠以"生态"修饰。

当然，不同文化背景的人对"生态"的定义会有所不同，多元的世界需要多元的文化，正如自然界的"生态"所追求的物种多样性一样，以此来维持生态系统的平衡发展。

生态学可按照生态系统结构与层次、生物类别、生物栖息环境、生态学与其他学科的结合、生态学的应用来分类（表 3-2-1）。

表 3-2-1 生态学分类

生态系统结构与层次	个体生态学、种群群落生态学、生态系统生态学等
生物类别	微生物生态学、植物生态学、动物生态学、人类生态学、民族生物学
生物栖居环境	陆地生态学，如森林生态学、草原生态学、荒漠生态学、土壤生态学等
	水域生态学，如海洋生态学、湖沼生态学、流域生态学等
	其他生物环境生态学，如植物根际生态学、肠道生态学、水生生物生态学等
生态学与其他学科的结合	与非生命科学的结合，如数学生态学、化学生态学、物理生态学、地理生态学、经济生态学、生态经济学、森林生态会计等
	与生命科学的结合，如生理生态学、行为生态学、遗传生态学、进化生态学、古生态学等
生态学的应用性分支学科	农业生态学、医学生态学、工业资源生态学、环境保护生态学、环境生态学、生态保育、生态信息学、城市生态学、生态系统服务、景观生态学等

生态学各分支学科的共同任务是探讨并建立生命与生命之间、生命与

环境之间的协调关系，利用自然界能量转化和物质循环再生规律，在提高生产、改善人类生存条件和维护生态平衡等方面做出贡献。

作为环境科学的组成部分，环境生态学以生态学的基本原理及方法为基础，结合系统科学、物理学、化学、仪器分析、环境科学等学科研究成果，研究被污染环境对生态系统（以生物为主）的影响，人为干扰下生态系统的变化机理机制、规律以及生态系统对人类的反效应，寻求受损生态系统恢复、重建、保护的对策与途径。

生态系统与人为干预的环境之间的相互作用有不同表现，所以，环境生态学的研究对象涉及两个层面：

其一，从宏观层面上研究环境中的污染物和人为干预的环境对生物个体、种群群落、生态系统产生的影响及其基本规律。

其二，从微观层面上研究污染物和人为干预的环境对生物分子、细胞和组织器官产生的副作用及其机理。

环境生态学的研究内容主要是生态系统中的生物与污染的环境的作用与反作用、对立与统一、依赖与制约、循环与代谢等一系列规律以及支配这些规律的内在机理。其中研究重点有自然资源的保护与利用，环境污染的生态学原理和规律，环境污染对生态系统结构与功能所产生的影响，环境污染的生物效应，环境污染的监测与评价、综合治理，环境废弃物的能源化和资源化技术等。

目前，环境生态学有一些值得研究的课题：可持续发展理念、环境保护与可持续发展战略、和谐社会和循环经济、人类生存方式与环境生态危机、21 世纪中国可持续发展之路、环境文化与生存安全、全球变暖与地球环境生态安全、大气臭氧层破坏后对地球环境生态的影响、酸雨对地球环境生态的影响、城市化对城市环境及区域气候的影响、沙漠—绿洲生态系统、水—热能源输送及相互作用数值模拟、中国西部水资源开发与可持续发展问题。

环境生态学工作者希望通过对这些课题的研究，达到改善生态环境，永续利用生态资源，促进经济、环境和人类社会可持续发展的目的。

二、环境生态学基本原理与应用

（一）生态学基本原理

生态学基本原理大致有 10 项：

（1）系统性原理；

（2）稳定性原理；

（3）多样性原理；

（4）耐受性原理；

（5）动态性原理；

（6）反馈原理；

（7）弹性原理；

（8）滞后性原理；

（9）转化性原理；

（10）尺度原理。

（二）健康生态系统的判断与评价

一个健康的生态系统是稳定的和可持续的，在时间上能够维持系统组织结构和自治，在外力胁迫作用下能够维持系统的自我修复力和恢复力。一个健康的生态系统能够维持它们的复杂性，同时能满足人类的需求。

生态学的基本原理在应用中应注意：模仿自然生态系统的生物生产、能量流动、物质循环和信息传递，建立起人类社会组织，以自然能流为主，尽量减少人工附加能源，寻求以尽量小的消耗产生最大的综合效益，解决人类面临的各种环境危机。

（三）生态学基本原理应用

目前，较为流行的基本原理应用思路如下：

1. 实施可持续发展

1987 年世界环境与发展委员会提出"满足当代人的需要，又不对后代满足其发展需要的能力构成威胁的发展"。可持续发展观念协调社会与人的发展之间的关系，包括生态环境、经济、社会的可持续发展，但最根本的是生态环境的可持续发展。

2. 人与自然和谐发展

事实上造成当代世界面临的空前严重的生态危机的重要原因就是以往人类对自然的错误认识。工业文明以来，人类凭借自认为先进的"高科技"试图主宰、征服自然，这种严重错误的观念和行为虽然带来了经济的飞跃，但造成的环境问题却是不可弥补的。人类是生物界中的一分子，因此必须与自然界和谐共生，共同发展。

3. 生态伦理道德观

大量而随意地破坏环境、消耗资源的发展道路是一种对后代和其他生物不负责任且不道德的发展模式。新型的生态伦理道德观应该是发展经济的同时还要考虑这些人类行为不仅有利于当代人类生存发展，还要为后代留下足够的发展空间。

从生态学中分化出来的产业生态学、恢复生态学以及生态工程、城市生态建设等，都是生态学基本原理推广的成果。

在计算经济生产中，不应认为自然资源是没有价值的或者无限的，而应用生态价值观念，考虑到经济发展对环境的破坏影响，利用科技的进步，将破坏降低到最小，同时倡导一种有利于物质良性循环的消费方式，即适可而止、持续、健康的消费观。

三、可持续发展与绿色建筑

(一) 可持续发展理念的产生与发展

1962 年，美国生物学家莱切尔·卡逊（Rachel Carson）发表了一部引起很大轰动的环境科普著作《寂静的春天》，作者描绘了一幅农药污染导致的可怕景象，惊呼人们将会失去"春光明媚的春天"，在世界范围内引发了人类关于发展观念上的争论。

1972 年，美国学者巴巴拉·沃德（Barbara Ward）和雷内·杜博斯（Rene Du Bois）为联合国环境会议起草报告《只有一个地球》，把人类生存与环境的认识提高到可持续发展的新境界。

同年，一个非正式国际学术团体罗马俱乐部发表了著名的研究报告《增长的极限》，提出"持续增长"和"合理的持久的均衡发展"的概念。

1980 年代，巴比尔（Edward B. Barbier）等学者发表了一系列有关经济、环境可持续发展的文章，引起了国际社会的广泛关注。

1987 年，以挪威首相布伦特兰（Gro Harlem Brundtland）为主席的联合国世界与环境发展委员会发表了一份报告《我们共同的未来》，正式提出可持续发展概念，即"既满足当代人的需要，又不对后代人满足其需要的能力构成危害的发展"，并以此为主题对人类共同关心的环境与发展问题进行了全面论述，受到世界各国政府组织和舆论的极大重视。

1992 年，巴西里约热内卢召开的联合国环境与发展会议，"可持续发展"战略思想得到与会者的承认。会上通过《21 世纪议程》，可持续发展理念开始转变为人类的共同行动纲领。可持续发展理论，摒弃了过去"零增长"（过分强调环保）和过分强调经济增长的偏激思想，主张"既要生存、又要发展"，力图把人与自然、当代与后代、区域与全球有力地统一起来。

多年来，各国政府、专家及学者纷纷投入时间和精力，从经济学、社会学和生态学等领域对可持续发展的概念、意义与应用进行了大量的卓有成效的研究。随着可持续发展理论体系的发展和完善，这一全新价值观逐渐深入人心。许多行业和领域纷纷展开行动，把可持续发展理念贯彻于具体实践之中。

（二）绿色建筑理念的产生与发展

建筑作为人工环境，是满足人类物质和精神生活需要的重要组成部分。然而，人类对感官享受的过度追求以及不加节制的开发与建设，使现代建筑不仅疏离了人与自然的天然联系和交流，也给环境与资源带来了沉重的负担。

据统计，人类从自然界所获得的 50％以上的物质原料用来建造各类建筑及其附属设备，这些建筑在建造与使用过程中又消耗了全球能量的 50％左右；在环境总体污染中，与建筑有关的空气污染、光污染、电磁污染等就占了 34％；建筑垃圾则占人类活动产生垃圾总量的 40％，在发展中国家，剧增的建筑量导致侵占土地、破坏生态资源等现象日益严重。严峻的事实告诉我们，人类社会要走可持续发展道路，建筑理念与实践的变革刻不容缓。

"绿色"是自然、生态、生命与活力的象征。它代表了人类与自然和谐共处、协调发展的文化，贴切而直观地表达了可持续发展的概念与内涵。也是将绿色思想引入建筑领域的结果，这是国际建筑界对人类可持续发展战略所采取的积极回应，也必将成为未来建筑的主导趋势。

"绿色建筑"也可称为生态建筑、可持续建筑。从生态环保的观点，可将其定义为：在建筑全生命周期（物料生产、建筑规划设计、施工、运营管理及拆除过程）中，以最节约能源、最有效利用资源的方式，尽量降低环境负荷，同时为人们提供安全、健康、舒适的工作与生活空间。其目标是达到人、建筑与环境三者的平衡优化和持续发展。

对绿色建筑的探索和研究始于 20 世纪 60 年代。

1960 年，美籍意大利建筑师保罗·索勒瑞（Paola soleri）把"生态学（Ecology）"和"建筑学（Architecture）"两个词合并为"生态建筑学（Arology）"，提出"生态建筑学"的新理念。

1963 年，v. 奥戈亚在《设计结合气候：建筑地方主义的生物气候研究》中提出建筑设计与地域、气候相协调的设计理论。

1969 年，美国风景建筑师麦克哈格（Lan L. McHarg）在《设计结合自然》中提出人、建筑、自然和社会应协调发展理念，并探索了建造生态建筑的有效途径与设计方法。它标志着生态建筑理论的正式确立。

1970 年代石油危机后，工业发达国家开始注重建筑节能的研究，太阳能、地热、风能、节能围护结构等新技术应运而生，其中在掩土建筑研究方面的成果尤为突出。

1980 年代，节能建筑体系日趋完善，并在英、德等发达国家广为应用，但建筑物密闭性提高后产生的室内环境问题逐渐显现。建筑病综合征（SBS）的出现，影响了人们的身心健康和工作效率。以健康为中心的建筑环境研究因此成为热点。

1990 年代以后，绿色建筑理论研究开始走入正轨。

1991 年，布兰达·威尔（Brenda vale）和罗伯特·威尔（Robert vale）合著《绿色建筑：为可持续发展而设计》，提出综合考虑能源、气候、材料、住户、区域环境的整体设计观。同年，阿莫里·B. 洛温斯（Amory B. Lovins）在《东西方的融合：为可持续发展建筑而进行的整体设计》中指出："绿色建筑关注的不仅仅是物质上的创造，而且还包括经济、文化交流和精神等方面。"40 多年来，绿色建筑研究由建筑个体、单纯技术上升到体系层面，由建筑设计扩展到环境评估、区域规划等多个领域，形成了整体性、综合性和多学科交叉的特点。伴随着可持续发展思想在国际社会的推广，绿色建筑理念也逐渐得到了行业人员的重视和积极支持。

1993 年，国际建筑师协会第 18 次大会发表了《芝加哥宣言》，号召全世界建筑师把环境和社会的可持续性列入建筑师职业及其责任的核心。

1999 年，国际建筑师协会第 20 届世界建筑师大会发布了《北京宪章》，明确要求将可持续发展作为建筑师和工程师在新世纪中的工作准则。可持续发展已经成为建筑领域的重要原则与行动纲领。而绿色建筑的普及与发展将成为符合可持续发展理念，创造亲和自然、健康舒适人工环境的必然道路。

（三）绿色建筑评估系统

绿色建筑是一个高度复杂的系统工程。绿色建筑在实践领域的实施和推广有赖于建立明确的绿色建筑评估系统。

绿色建筑的实现贯彻于建筑的整个生命周期，不仅需要设计师运用可持续发展的设计方法和手段，还需要决策者、施工单位、业主、管理者和使用者都具备绿色意识，共同参与建造和运营的全过程。这种多层次合作关系的介入，需要在整个程序中确立一个明确的绿色建筑评价结果，达成共识，使其贯彻始终。

绿色建筑的概念具有综合性，既衡量建筑对外界环境的影响，又涉及建筑内部环境的质量；既包括建筑的物理性能，如能源消耗、污染排放、建筑外围及材料、室内环境等，也可能涵盖部分人文及社会的因素，如规划、管理手段、经济效益等。而人们对绿色建筑的理解，也可能由于观念、当地技术和经济水平等方面的不同而存在差异。

一套清晰的绿色建筑评估系统，对"绿色建筑"概念的具体化，使绿色建筑脱离"空中楼阁"真正走入实践，以及对人们真正理解绿色建筑的内涵，都将起到极其重要的作用。

对绿色建筑进行评估，还可以在市场范围内为其提供一定规范和标准，识别虚假炒作的绿色建筑，鼓励与提倡优秀绿色建筑，达到规范建筑市场的目的。因此，绿色建筑体系迫切需要现代科学评估方法作为实施运作的技术支撑。

1990 年以来，世界各国都发展了各种不同类型的绿色建筑评估系统，为绿色建筑的实践和推广做出了重大的贡献。按其主要目的，可把它们分为三类：

第一类：建筑设计及决策支持工具。这类评估体系主要针对设计方案或新建建筑，以辅助设计与辅助决策为主要目的。它强调在绿色建筑实施的过程中施加影响。预测结果可反馈到设计或实施阶段。通过推荐具体技术、管理方式、计算机模拟分析等手段，使实施者可不断调节方案，以达到设定目标。如 LEEDTM 等。

第二类：分析对比与性能评价工具。该类评估体系主要针对已使用建筑。与第一类强调过程不同，它重在考察结果。一般用来对不同建筑进行对比或对建筑的真实性能进行鉴定。通常它采用实测、调查等手段得到评价结果。Ecoeffect、NABERS 等属于这类工具。

第三类：综合工具。此类评估体系为前两类工具的结合，它通过系统结构和内容的设置，综合了辅助设计和性能评价等功能。对设计方案、新建建筑和已使用建筑都能够进行评估，如 BREEAM98。目前 LEEDTM 等也试图通过分册的编写，发展到这类领域。围绕绿色建筑的概念，这些评估工具大都采用多目标多层次的综合评估方法。目前所有绿色建筑综合评估对建筑及业主都是自愿的而非强制性的，但随着其发展及成熟，相信绿色建筑评估会对建筑实践起到更多的规范作用。

第三节　现象解释学

一、现象学与现象解释学的含义

现象（phenomenon）指客观存在的人及事物，尤其指不寻常的或有趣的人或事物。它包含地理气候、地质水文、自然生物、环境景观等自然现象以及民族风情、宗教信仰、人居环境社会现象。

现象学（Phenomenology）原词来自于希腊文，其意为研究外观、表象、表面迹象或现象的科学。

科学总是代表着真理而不证自明。自然科学与社会科学是推进西方文明（物质形态）发展的两种体系。人文主义思潮由本体论转向认识论、建立主体地位，从存在主义开始逐步让位并被结构主义所代替，之后又被解构主义瓦解。科学主义思潮否定本体论的基础；强调"知识就是力量"——以人的主体理性作用来理解和重建世界。就建筑这一交叉科学而言，现代主义思潮解体之后出现多种思想的并存，虽然一度转向嬉戏（后现代主义——人文主义）和否定（解构主义——科学主义），但诸如新理性主义（包括意大利、北欧、德国等新理性主义）、地方主义、乡土主义（新有机派）、晚期现代主义（新现代派）等流派在总体文化的否定中一直保持着对现代主义思潮的肯定。在此意义上，我们才能理解当代建筑多元化发展趋向中所蕴含的主题文化。

二、现象解释学理论的研究与应用

哲学家研究人的存在及其意义，探讨人与世界、空间的基本关系。地理学家关注地理特征及其属性，从经历和意义角度探讨自然环境与人造环境的关系。比如《自然密码》中发表有《世界十大柱状玄武岩奇观》《深海十大谜团》《2010年国家地理十大奇特新物种》《全球十大人兽同居事件》《洞穴探秘——探索人类脚下的宇宙》等论文。文化人类学家关注人在具体环境中的行为方式，从社会和文化角度揭示人的行为心理、环境因素及其意义。社会学家研究人的个性与社会属性的形成及发展、人与特定空间环境形式的内在关系（表3-3-1）。

表 3-3-1 《世界神秘文化》示例

命理、预言	运数的迷思——数字命理；生命的轮回——前世今生的命运；预言的秘密——《诸世纪》
心灵、鬼怪	心灵秘境的倒映——塔罗牌；被月亮诅咒的灵魂——狼人；百鬼夜行——日本妖怪文化；血液决定一切——血型文化
图腾、崇拜	来自远方的标志——中外图腾文化；对死亡的崇拜和认可——世界各地的死亡崇拜
习俗	节日的别样欢腾——特别的节日庆祝方式；结婚也多趣——奇特的婚俗
相术、巫术	苍穹上的密码破译——占星术；巫术、幻觉与睡眠——催眠术的前生今世；金色的诱惑——炼金术文化；命禀于天，表候于体——相术；天生五材，命之五行——五行说

心理学家和环境心理学家研究人们认识空间环境的基本模式，分析人们评价环境质量的基本因素，探讨人们的意识、行为与空间环境的相互作用及意义。

20世纪建筑理论家、建筑师开始将自然环境和人文地理研究中的现象学方法引入建筑学领域，结合并借助相关学科知识及研究成果，研究人在不同的空间环境中获得的经历感受，探讨空间环境形式、生活意义、特定活动场所及氛围创造等复杂问题。

三、建筑现象解释学的理论研究与实践

(一)理论学派及特点

建筑现象学主要有"海德格尔的存在主义现象学"和"梅洛—庞蒂的知觉现象学"两种学派。

"海德格尔的存在主义现象学"学派中，诺伯格·舒尔茨等人从理论学术的角度研究、解析、建立建筑现象学理论。

"梅洛—庞蒂的知觉现象学"学派中，斯蒂文·霍尔、帕拉斯玛等人从实践技术的角度研究、应用建筑现象学理论。

这两种学派的共性特点是：

①以胡塞尔的"现象还原"理论为基石，认同"现象存在""从文化的世界还原到直接经验的世界""以先验还原、引导人们从'现象世界的

我'到'先验的主体性'"观点。

②强调人们对建筑的知觉、体验、真实的经历和感受，批判西方工业革命以来在建筑、城市中加入资本主义政治经济循环，批判资本循环和生产中的消费主义现象。

③对后现代主义象征、隐喻或联想政治、商业经济、社会因素的做法持否定态度。

（二）研究内容及方法

建筑现象学有两个方面的研究内容：广义的建筑现象学侧重于研究人与环境（建筑、城市、世界）之间的相互关系。狭义的建筑现象学侧重于研究场所（特定人群、地点、建筑）概念、特性及存在意义。

1. 对场所存在的研究

此类研究即通过追溯环境的发展演变（历时性研究），探索环境与生活的关联性、本真性等问题。比如 20 世纪 70 年代诺伯格·舒尔茨（挪威）在《场所精神》中运用现象—解释学方法，研究人与环境的关系及其意义，提出"场所精神"概念及含义。

舒尔茨在《存在·空间·建筑》中分析人们头脑中空间形成的机制，提出"存在空间"概念、"空间环境图式要素"等理论。在《建筑中的意向》中提出建筑意义、经历、象征和符号等概念，阐述建筑风格（稳定不变的结构形式）与"存在及意义"之间的关系，指出建筑的精神作用和意义。

2. 对环境现象、人的环境行为及心理模式的研究

此类研究主要有两种方式：

（1）史密斯夫妇（英）及阿尔多·罗西（意）以环境术语（具体、定性概念）描述环境现象以及环境结构形式、价值和意义。

（2）斯汀·拉斯姆森（丹麦）及凯文·林奇（美）研究人对环境的感知、理解和评价以及人的环境心理、行为模式及过程。

3. 对人的环境经历及其意义的研究

此类研究有两种方式：

（1）研究人对环境属性、质量和意义的体验感受。比如斯汀·拉斯姆森（丹麦）在《建筑体验》中主张以环境经历揭示环境现象（结构形式、价值和意义）；并提出环境元素及属性，环境元素与人们生活环境、质量

的关系，环境认知的作用和意义等问题。

（2）研究人感知、理解和评价环境的行为心理模式及过程。比如凯文·林奇（美）在《城市意象》中提出环境意象要素、人与环境的具体联系、人对环境的定位与确认等问题。

4. 对研究建筑及环境的文化信息、社会与文化衡量尺度的研究

研究建筑及环境包含的文化信息（价值观念、风俗习惯）以及人们衡量建筑及环境的社会尺度（非个体）和文化尺度（非美学），有比较、考察、设计者与使用者换位思考三类方法。比如阿摩斯·拉普卜特（美）在《宅形与文化》中研究住宅具体文化信息（价值观念、风俗习惯）对具体环境形式及其意义的作用和影响。

5. 对建筑环境质量、元素、结构形式等物象特征的研究

阿尔瓦·西扎（葡萄牙）、李伯斯金（波兰）、斯蒂文·霍尔（美）、卒姆托（瑞士）等人研究、讨论现象—解释学理论，将其应用于建筑环境质量、元素、结构形式等物象特征的研究和设计中。

（三）建筑现象学的理论价值及实践指导意义

舒尔茨提出"存在空间""场所精神""环境认知要素"等理论，林奇提出"环境形象要素"等理论。

阿尔瓦·西扎（葡萄牙）、李伯斯金（波兰）、斯蒂文·霍尔（美）、卒姆托（瑞士）等人以现象—解释学理论及方法还原、再现、重构建筑及环境景观。

建筑现象解释学理论及实践不局限于城市环境，可扩大到世界范围，也可缩小到建筑空间，对揭示人与环境的关系及其存在价值和意义、拓展建筑理论家的研究内容及方向、拓宽建筑师和规划师的思想意识及工作途径、表现空间环境的形象及建构空间环境的秩序等具有重要指示作用。

四、相关理论及实践

（一）《建筑体验》

拉斯姆森（S. E. Rasmuseen，1898—，丹麦建筑师）1959 撰写《建筑体验》（或《体验建筑》）。此书成为许多建筑评论专著必不可少的参考书目。

拉斯姆森并没有感同身受地声称"建筑是凝固的音乐",而是说"人具有一种特殊的直觉使其能在有形的世界中感觉到简单的数学比例。没有任何视觉比例如同音乐中我们称之为和谐或不和谐那样对我们有自发的效果"。

拉斯姆森解释"听"音乐和"看"建筑的微小差异:前者不能容忍,后者难以分辨。他表示"我不希望告诉人们什么是对的或错的,什么是美的或丑的。我认为所有艺术都是一种表达方式,这种方式对某一位艺术家来说可能是对的,对另一位艺术家来说可能是错的"。

(二)环境图式要素与场所精神理论

20世纪70年代,挪威建筑理论家克里斯琴·诺伯格·舒尔茨(Christian Norberg-Schulz)应用现象—解释学方法,研究人与环境的关系及其意义。

1. 环境图式要素与领域特性及其管控机制

舒尔茨应用现象学理论及方法,分析传统建筑形象及其意义,寻找与习惯的生活环境相联系的自发心理,使人们对旧有的建筑形象产生归属感。舒尔茨要求建筑通过文化象征主义成为传统延续的一个部分,从而否定从功能理性出发的纯粹创新。

舒尔茨在《存在·空间·建筑》中分析人们"意象空间"形成机制,提出"存在空间"概念、"环境图式要素"理论、"领域特性及其管控机制"理论等相关内容。

舒尔兹认为人们对家园的识别总是由家园的出入口、道路、边界、中心等依次展开,对家园的记忆总是与家庭生活、邻里关系、社区环境等因素有关。中心与地点、方向与路径、地区与领域是人们认知环境的图式要素。

舒尔兹指出:

(1)中心指出发点或目的地,比如家、城市中心、地区中心、首都等。地点指与一定活动内容联系在一起的地方。二者是心理空间的基本要素,形成中心图式。中心与地点离不开"围合",有内外之别,有边界,有"接近性",有"密度感"差别,密度大的是中心。

(2)地理环境、自然风景等任何地点都有上下、左右方向。路径是许多地点之间的联系,并与其活动内容联系在一起,它具有"连续性"特点。清晰的路径给人以方向感。

(3)路径将人们的活动范围分割成不同的地区。高质量的地区是领域。有名的领域由不知名的世界包围起来，环境意象中显然包括地区。地点与路径给人以明确的印象，领域作为背景、底色来填补意象，使它成为有关联的空间。

领域泛指国家行使主权的区域、学术思想或社会活动的层次和范围等。在建筑学中，领域指某类人群活动的领地。它是一个与活动人群、时间、地点等因素相关的概念。

舒尔茨认为人们对领域的认知、理解取决于人们对领域活动的把握。领域有"范域性""归属性"和"占有性"三种特性：

（1）"范域性"指领域的范围。领域可以由绿篱、界河、围墙等实体条件围合，也可以由乡规民约、社会公德、公共法律等虚拟条件界定。

（2）"归属性"指领域的所有权。领域可以由某一个人所有，也可以由某一群体所有。

（3）"占有性"指领域的使用权与管理权。领域可以由个人或群体、暂时或永久使用与管辖。

领域控管有"防卫性""个性化"两种机制：

（1）"防卫性"意味着领域受到外界影响或侵犯时，领域拥有者所采取的自我保护、防御行为。

（2）"个性化"意味着领域拥有者对领域特性的自我认同，领域拥有者常采用文字、图式方式对外宣告领域的存在。

"领域特性及管控机制"理论指示规划师、建筑师应加强环境的边界、路径、节点、地标等设计和控制，建立环境边界与中心的联系关系，同时设置物业管理部门，定期组织社区文体活动，以构建和谐、稳定的小社会（社区）。

2. 场所与场所精神

舒尔茨在《场所精神》（*Genius Locispirt of Place*）中提出"场所"概念、指示"场所精神"含义。

舒尔兹认为：

（1）场所（Place）不同于场地（Site），它是人们的活动处所。有了人群活动，场所也就有了生机和活力。

（2）一定的活动内容及方式、与活动相关的时间和地点等因素，是场所存在的基本条件。

（3）场所本身并没有吸引力，但具有便利、舒适、美观、个性或文化认同感等优势条件的场所，可吸引人群驻足、停留并参与集体活动。

（4）不同的活动需要不同的场所，不同的场所可诱发不同的人群活动。

舒尔茨指出：自远古以来，人们就认识到不同的地点有不同的特色。这些特色取决于这一地区的大多数居民所呈现的环境意象，使他们感到自己属于同一地点。

在舒尔茨看来，场所精神（genius ioci）就是中心与地点、方向与路径、地区与领域环境图式要素的内在特点、精神气质。

3.《美国大城市的死与生》

简·雅各布斯（Jane Jacobs，美）1961年撰写了《美国大城市的死与生》（*The Death and Life of Great American Cities*）。此书是一本影响深远的城市规划论著，是城市规划科学发展史上的一个重要里程碑。

雅各布斯认为：城市与乡村的不同之处在于人的集聚，人的集聚给城市带来活力。城市街道尤其是步行道是城市中最主要的公共活动场所、最富有生命力的"器官"。街道除承担交通功能以外还有"安全""接触""同化孩子"三大功能。维持维护街道的三大功能应当区分公共活动和私密活动场所，设置街道的"眼"即小饭馆、酒馆和作坊以及"自发主人"即住户、店员和行人，而不过分依靠警察或治安保卫人员、安全疏散设施。

产生城市街区、街道多样化的原因和条件是：①混合街区的主要用途和次要用途；②减少街区内大多数街道的长度，增加街道的数目和拐弯转角；③保证街区有不同年代、不同状态的建筑，保持有相当比例的老建筑；④保证街区有足够的人口密度。

城市多样化自我瓦解的原因是：汽车对城市的侵蚀和城市对汽车的阻碍。

维持城市的空间结构和视觉秩序需要城市规划。作者批判传统城市规划的思想与方法，认为传统城市规划"不在意事情是如何进行的，只留心其进展的速度、易解的外在现象"，基于肤浅、粗糙的理解而采用的单一"分类法"，使得城市规划迷失了方向。"时至今日，对大城市的土地使用总体规划，在很大程度上不过是确定位置，联系交通，做一系列纯化净化后分类"。

作者认为"小城市就是好""城市的近期发展更为重要"。提出"综合考虑城市的生活实质、发展目标、前因后果"建议，遵循"以社会和经济做支持、以稳固的方法做补充，解决错综、交织、使用多样化的需要"原则以及"公众参与""非均质化""小中见大"等方法。

4．新陈代谢与共生理论

（1）"新陈代谢"理论。"新陈代谢"指生物生长、繁殖、死亡现象及规律；引入建筑学中指建筑形成、发展和衰亡现象和规律。

20 世纪 60 年代日本出现"新陈代谢"学派，其代表人物主要是黑川纪章、矶崎新等人。

"新陈代谢"理论的形成与十次小组、阿基格拉姆学派、建筑电讯集团等现代建筑运动发展有关，与 20 世纪 60 年代日本经济高速发展等社会背景有关。

在丹下健三影响下，一批青年建筑师主张以新技术而非自然承受的办法来解决新问题，积极促进城市及建筑发展。

1958 年菊竹清训实践"海上浮动城市""空中住宅"——类似于路易斯·康（美）提出"被服务空间（固定的）"和"服务空间（可移动的）"。

1961 年黑川纪章在摩天大楼设计中插入"细胞容器"——单元空间。1970 年黑川纪章在大阪世界博览会上展出"结构构件重复"——实验性建筑。1972 年黑川纪章在东京中银舱体楼中实践"中心筒"与"悬挑单元"的组合关系。

黑川纪章将自己的建筑观归纳为三点：

①从几何学中解放出来，具有新陈代谢与变形特点。

②从技术依附中解放出来，作为"整体的部分"而存在。

③立足于传统，持有科学的方法论。

（2）"后新陈代谢"理论。20 世纪 60 年代以后，黑川纪章、矶崎新、石山修武、安藤忠雄、石井和纮等人由技术论转向技术与文化发展论，形成"后新陈代谢"理论。

黑川纪章承认功能城市的合理性，肯定矛盾和多义空间的优点，以"道的建筑"创造富有生机活力的空间环境，以"利休灰（非二元对立）"观念及方法探索"灰建筑"和"灰空间"，建立合乎经济学、生态学原则的建筑语言。

矶崎新采用历史引喻手法，寻求和探索建筑本质及意义。其建筑具有粗犷感、雕塑感、体积感、荒芜感或残缺美、理性与工业化等特点。

石山修武关注技术体系的个人化，主张应面对各种文化、观念共存现象归纳应变技巧，比如"寄生组群"——寄生于城市的建筑、"暗族空间"——与事物不和谐的人性化空间、"螺旋系统"——穹窿、充气、筒形等空间结构。

石井和纮否认空间组合的创新可能，摒弃设计思维定式，关注功能与意义的关系转移，增添附加体以促进各种意义及其关系的表达，以多元文化"等价并存"方式体现地方性。

"后新陈代谢"论者的共同特点是：

①反对科技直线式发展。

②利用科技，但拒绝过分依赖科技。

③接近社会。

④承认日本传统文化在建筑造型中的作用。

（3）"共生理论"。"共生"指生物共同生存、相互依赖现象；在建筑学中指对待不同文化传统的现代化态度及思想。

"共生"思想由黑川纪章 1980 年提出。黑川纪章表述"共生"与"新陈代谢"的关系："新陈代谢"由"不同时间的共生（空间的历时性）"和"不同地点的共生（空间的共时性）"两个原理构成。

"共生"理论的哲学观及建筑表现是部分与整体共生、内部与外部共生、建筑与环境共生、不同文化共生、历史和现代共生、技术与人类共生。

"共生"理论的建筑观受存在主义现象学、语言学、人类文化学等思想理论的影响，以表达建筑意义——创造新的共融文化为目的，不同于西方传统的"世界主义"，因而反射出日本文化对西方文化的接纳、日本文化与西方文化具有同等分量，使西方对东方刮目相看。

在信息社会中，建筑意义的形成依赖于"共生文化"的挖掘和引导、建筑符号系统及关系的建构、建筑意义及环境氛围的自我表现。

"共生建筑"的设计理念及手法是：

①对局部与整体给以同等价值认同。

②设计"共生要素"。

③在矛盾体中插入"第三者"。

④有意识地引用历史符号。

⑤创造无中心感。

⑥室内空间"室外化"和室外空间"室内化"。

（4）"反共生理论"。安藤忠雄是一位反新陈代谢、反共生、反国际化的建筑师。

安藤忠雄反对建筑在城市中的有机"成长性""增殖型"——"城市有机成长论"，不赞成空间组合（行政区划）手段与环境的结合。

安藤忠雄主张：①现代建筑发展以经济、技术为背景，依靠中产阶级支持；②在规格化中表达"个人意志"、创造"人的领域"、表现空间环境应有的功能性（人与社会的交往常态）和符号化（人与物的关系象征）双重意义。因此，安藤忠雄的建筑经常给人一种隔绝尘世、隐居生活的印象。

（5）"负建筑"理论。隈研吾（日）1995 年撰写《负建筑》，提出"负建筑"是一种"最适宜的建筑"的理念。

隈研吾分析并批判导致建筑"体量大""能耗高""形态不可逆转"的政治、经济因素（比如政府财政行为、房屋抵押贷款）。提出"在不追求象征意义，不追求视觉需要，不追求占有私欲的前提下，在高高耸立、洋洋自得的建筑模式之外，可能会出现俯伏于地面之上、在承受各种外力的同时又不失明快的建筑模式——'负建筑'"这一论点。主张采取"分割与统一""民主与透明""品牌与虚拟"等手段，化解"负面因素（即经济危机、环境危机、资源危机等）"为"正面因素（即适用、坚固、美观）"，使得"正建筑（即最不适宜的建筑）"转变为"负建筑（即最适宜的建筑）"。

第四节　心理行为学

一、学科理论起源

18 世纪马尔萨斯提出"人口论"、达尔文提出"进化论"。

19 世纪人类学、文化学、社会学等人文科学有所发展，出现"生态学"理论。

20 世纪初"心理学"成为独立学科。

20 世纪 40 年代，在社会学、生态学、心理学等理论研究基础上，人们开始关注社会环境对人的行为与心理的影响。美国芝加哥、密执安等地区的大学及麻省理工学院建立"人际关系中心"；1949 年提出"行为科学"概念，探讨社会环境中人类行为产生的根本原因及其行为规律。

50 年代提出"环境科学"概念，并将环境科学视为"环境心理学"。

60 年代人与环境的关系研究得到发展，并开始探索城市环境与人的关系。建筑师介入环境科学研究，提出"环境心理学是建筑师的一个实际课题"。1960 年美国出版《环境与行为》杂志，1968 年成立"环境设计研究协会（EDRA）"。与此同时日本学者出版《建筑心理学入门》《设计与心理》等专著，开始"建筑心理学"研究。

70 年代建筑师、规划师与心理学家共同研究"人—环境—建筑"问题。为了缩小理论概念差异、协调实践关系等，提出改革设计理论及实践、建构"行为建筑学"概念等设想。1970 年在伦敦举行首届国际建筑心理学学术讨论会，并在英国成立国际建筑心理学会。至此，可以认为"建筑心理学"已经创立。

80 年代实践"环境心理学"及"建筑心理学"理论。1980 年日本、美国建筑师联合在东京举行"人的行为与环境之间的相互作用关系"学术讨论会。日本成立"人间环境学会（MERA）"。1981 年欧洲成立"国际人和环境研究交流协会（IAPS）"，并创刊《环境心理》杂志。国际建协召开第十四届世界会议。

21 世纪建筑师与心理学家、行为学家合作研究"人—环境—建筑"问题，并综合应用生态学、人类学、语言学原理，从整体上把握城市与建筑的关系，创造多样、丰富、愉悦的人居环境。

二、环境行为学、建筑心理学、行为建筑学概述

（一）环境行为学

受 20 世纪 50 年代"环境决定论""环境可能论"等思想及理论影响，环境行为学于 20 世纪 60 年代兴起、70 年代形成高潮、80 年代被视为一种"边缘科学"。环境行为学至今已有 100 余年的发展历史。

环境行为学是心理学的一个分支、研究环境科学与建筑学的交叉应用学科、研究"环境—人"的方法论。

环境行为学理论基础主要是马尔萨斯（美）的"人口论"与达尔文（英）的"进化论"思想，海凯尔（美）的"生态学"与帕克（英）的"人类生态学"理论，美国学者的"环境科学"概念。

环境行为学应用心理学中的某些概念、原理和方法（比如舒尔茨提出的"环境图式构成要素"及"场所精神"概念，亚历山大提出的"模式语言"理论，林奇提出的"城市意象"与"环境认知模式"理论等），研究人在环境中的行为（比如迁移择居、聚居交往、离家外出等）、人对环境的需求反应（比如归属感、私密性、防卫性、个性化等）、人的行为与环境之间的关系及作用（比如场所或场域、磁力或动力、磁力场或动力场等概念），以此建立环境秩序及意义（比如方位感、标识性及象征性等），并达到改善适宜人居环境的目的（比如归属感、回归自然、邻里效应等）。

环境问题的研究涉及环境类型及要素（比如地理环境、行为环境等分

类）、物理特性与心理意识（比如物理场、生理及心理场、行为场等概念）以及环境给人的刺激反应（比如环境审美评价等问题）。

在环境类型及要素研究方面，许多学者研究环境类型及构成要素，将环境分为地理环境、行为环境等类型。

在环境特性及其认知规律研究方面，许多学者研究环境的自然属性、物理特性与心理意识，比如德国学者提出"物理场""生理场及心理场""行为场"等概念。舒尔茨（挪威）提出"环境意向要素"概念及理论，林奇（美）提出"环境认知模式"概念及理论。

在环境给人的刺激反应或环境与人的行为关系研究方面，许多学者研究环境给人的刺激反应，尝试建立环境形象审美及评价标准等问题。马丁•海德格尔（德）等人研究环境中人的心理、行为现象及特点，描述人类迁移定居、聚居交往、离家外出等行为。道赛迪亚斯（希腊）、原广司（日本）等人研究人对环境的需求问题；舒尔茨（挪威）等人研究人对环境的反应问题，提出领域特性及控管机制（归属感、私密性、防卫性、个性化）等问题。亚历山大（美）提出"模式语言"理论。舒尔茨（挪威）研究人的行为与环境之间的关系，提出"场所精神"概念及理论。

环境行为学是连接物质世界与感知经验之间的"桥梁"。研究者主要研究"环境特性"和"环境与人的关系"两类问题。对环境行为研究，偏重于基础理论研究而非理论应用，将环境观察、体验、感受经验提升到理论高度，并加以分析、阐述，以指导环境规划设计，建构环境秩序及意义（比如环境方位感、标识性及象征性等），达到建构和改善人居环境的目的（比如场所归属感、回归自然感、邻里效应等）。

环境行为学作为心理学的一个分支，其理论性不强、研究深度也不够。作为一种应用科学，环境行为学将体验、感受提升到理论高度，并加以阐述、分析，对过去的科研方法有所突破、对过去的规划设计方法也有所改进，但尚存在着理论与实践相互矛盾、心理学者与建筑师合作不彻底、建筑师不重视方法原理运用等问题。因此，它最终没能成为独立学科。

（二）建筑心理学

建筑心理学是环境心理学的一个分支，一种研究并解决建筑视知觉与心理关系及问题（物质与精神关系）、指导建筑形态设计和情态表达的方法学。

建筑心理学应用"格式塔心理学"原理（比如图底关系、完形倾向以及接近性、类似性、连续性原理等）和"图形视知觉"原理（如视野或视域、视点、视角、视距、视觉及视错觉规律等），分析和建构建筑形式。

建筑心理学有"人对建筑形式的认知过程"和"建筑给人的形式心理"两类研究内容。

（1）人对建筑形式的认知过程为：感知→认知→识别→贮存→加工→记忆，具有整体性、理解性、恒常性等特性，涉及空间形状、距离、深度以及环境结构、密度等问题。

（2）建筑给人的形式心理有：形状视知觉与心理、形式力感与动感、形体形态与情态特征规律以及色彩心理（比如色与光、色与情、色与形）等规律。

建筑心理学对于建构空间环境的力感、动态、光色、情态等具有积极作用。

（三）行为建筑学

受社会产业结构与环境危机、西方哲学思想变化（比如现象学、存在主义、结构主义的认识论、方法论）、工艺美术（比如立体主义、构成主义的纯粹美、机器美等）及现代建筑要求（比如功能与形式关系、建筑师与业主关系等）等多种因素影响，行为建筑学在心理学发展（即从研究人的内在意识到外显行为、到研究人的物质及精神需求、到人对适居环境的选择）基础上产生。

行为建筑学是一门研究人类行为（比如人际关系）与建筑环境（即生态系统）关系及问题的应用学科。其研究内容包括：①场所与空间行为；②认知地图与空间行为；③场所的领域感、私密性，个人空间及交往空间（关系学理论问题）三个方面的问题。其基本概念有动机、知觉、认知与喜好、空间行为、行为与环境关系等。

行为建筑学主要解决建筑形式及其视知觉关系（比如结构、构造、构件组合等）、空间行为与规划设计（比如认知地图）、建筑设计及评价（比如程序化、定量化）三个方面的问题。

其理论基础主要是环境心理学、社会学、人体工程学、人类生态学等。

基本概念有动机、知觉、认知与喜好、空间行为、行为与环境的关系等。

行为建筑学对于空间视知觉与形式美设计、空间环境程序化与定量化设计、社区规划设计等具有积极作用。

（四）环境行为学、建筑心理学与行为建筑学的研究范畴及协作关系

环境行为学、建筑心理学与行为建筑学的研究范畴及协作关系如表3-4-1所示。

表 3-4-1 环境行为学、建筑心理学与行为建筑学的研究范畴及协作关系

环境行为学	心理学分离出来、自然科学与建筑学相结合的新理论。运用心理学、行为学等理论及方法，描述环境中人的心理现象及行为特点，分析环境属性、认知、审美等规律，指导环境形态认知和规划设计
建筑心理学	环境心理学的一个分支、研究物质与精神关系及问题的方法学。运用格式塔心理学理论及图形视觉错觉原理，分析建筑形式与视知觉关系，指导建筑形式设计和情态表达
行为建筑学	研究人类行为（如人际关系）与建筑环境（即生态系统）的关系问题。研究和解决建筑形式与视知觉关系（如结构、构造、构件组合等）、建筑设计及评价（如程序化、定量化）、空间行为与规划设计（如认知地图）三类问题
三者的共性	①以建筑学及环境科学为基础 ②吸收心理学、行为学、社会学、现象学等相关理论及研究方法 ③研究建筑师、行为心理学家和社会学家共同关心的"人—建筑—环境"课题
三者的异性	①环境行为学以"环境—人"作研究课题，以心理学、行为学理论作方法 ②建筑心理学以"建筑—人"作研究课题，以"格式塔心理学"理论、"图形视错觉"原理作方法 ③行为建筑学以"人—建筑—环境"作研究课题，以环境心理学理论、建筑心理学理论作原理及方法 ④三者的概念、含义及关系是：行为建筑学（学科）≥环境行为学（理论）≥建筑心理学（方法学）

三、心理学原理在建筑学中的应用

（一）格式塔心理学派

"格式塔（gestalt）"的德文词意是"形状"或"形式"。

20世纪20年代德国心理学家惠尔泰墨（M. Wertheimer，1880—1946）等人创建格式塔心理学。之后，惠尔泰墨的学生阿恩海姆（R. Arnheim，1904—，1940年移居美国）和魏特曼（Max Wertheimer）等人发展格式塔心理学理论。

格式塔心理学派认为人的大脑对图形组合生来就有一些心理法则和认知规律，因此研究人的先天因素，并提出"知觉（Perceptual Theory）"理论。

（二）构造论

构造论（Structuralism）由法国语言心理学家诺曼·钦斯盖（Naom Chansky）等人创建。

钦斯盖认为：物是具象的，物与物的关系是抽象的。人的认识包括具象和抽象两部分。具象的事物比较稳定、好掌握；抽象的关系千丝万缕且运动变化，交织形成的复杂结构难以掌握。人们的认识就是找出各种事物之间的关系，像蜘蛛网一样去构造他们的外部世界，而这一切都始于他们的学习（直接、间接经验）和实践。

德国心理学家科勒（Kohler）等人属于构造论者。构造论者否认人的先天因素在知觉形象构图规律中发挥的作用。认为：经验因素的记忆痕迹加到感觉中构造出知觉形象。同样的图形，不同的人可以构造出不同的知觉。几乎所有的人都是用相似的方法去看待世界的，许多感觉的机制都是相同的。文化差异人所共知，对物与物之间的关系认知、对被看到的世界的见解，往往是不同民族、不同文化背景的人见解各异的缘由。

（三）皮亚杰学派

20世纪50年代以来，瑞士心理学家皮亚杰（Jean Paul Piager，1890—1980）从事人的思维或心理发展方面的课题研究，1950年编著、出版《知能心理学》。

皮亚杰认为人对事物的认识及其心理发展，从婴儿开始到成人都是他或她与外部物质世界相互作用的结果。皮亚杰提出"组织""平衡""适应"等一般发展原则。

（1）组织。世界的一切都体现在物与物之间的关系上，人的认识在于找出这种不同的关系。某些不同的关系根据相似原则可概括为不同的模式。不同的模式、不同的形象反映到人的头脑中，形成不同的"图式（schemata）"。图式是人脑中的一种"意象（image）"，是人的心理生活的基本要素，它与客观事物本身有所区别，有的能正确反映客观实际，有的则不能。图式不断修正发展，由简单到复杂或更新，变成越来越大的体系，这就是认识发展的过程。

②平衡。心理结构或图式实际上是在一种非常活跃的情况下变化发展的，人往往被驱使按照已有的图式去做事。但行动时，人们力争增加自己的行为与图式的适应性，这就是"平衡"。平衡动机（motivation）有生理的和非生理的。比如好奇心、创造欲，它是一种求知需要、精神需要。

③适应（adaptation）。环境越复杂，人的心理结构也变得越复杂。人们适应环境变化有"同化（assimilation）"和"调节（accommodation）"两种方式。任何有机体都有一种只吸收外部世界中那些能与其有效结合的东西的倾向，这就是同化。调节是同化的补充。当新刺激不能被现有事物同化又引人注意以致不能被忽视时，调节就发生了。调节意味着新图式形成，旧图式被改造或与新图式相互结合，从而产生更复杂的新组织。

（四）相关理论及实践

（1）透视变形。爱德华·T.霍尔（Edward T. Hall，英）在 1969 年编著的《隐秘的空间尺度》（*The Hidden Dimension*）中指示"三类透视"与"十三种透视现象"。

①位置透视。质感透视——材料表面纹理的质感密度由于距离退远而逐渐增加。20～25m 时，粗糙岩面质感消失；120m 时，墙面上的沟槽感消失，透视变平、接近立面。

尺寸透视——对象趋远缩小。此现象并未在 12 世纪意大利画家的人物像画上得到完全认识。

线性透视——在西方世界最普遍、熟悉的透视形式，以文艺复兴的透视法最为著名。

②视差透视。双目透视——最末被人意识到，由于双目分开，由此而感到两个有差异的形象，近距离尤为明显。交替张开和闭合一只眼，这种差异现象就显而易见了。

移动透视——当一个人向前移动时，较近的固定目标移动得快些。同理，当距离增加时以均匀速度移动着的目标将移动得更慢些。

③不受位置或移动影响的透视。空气透视——把远的目标看近了。由于大气贯穿而引起的颜色变化和模糊程度增加。这是一种距离的标志，但不如其他某些透视形式稳定与可靠。

界限含混的透视——由于眼睛注视（聚焦）于一个目标，其背景轮廓变得含混不清。在视平面上的其他目标没有眼睛注视着的目标清晰。

在视场内位置相对向上的透视——在船甲板上看到地平线在靠齐眼睛

那么高时，地球表面好像从人的脚步升起到靠齐眼睛高度。离地面越远效果越显著。在日常生活经验中，人习惯于向下观察接近的目标，向上观察远离的目标。

线性间距中质感转变——由于质感密度的中断或迅速增加，通过峭壁边缘观察山谷时会觉得更远。

重影量的转变——如果人凝视着一个远的点，在这点和观察者之间任何目标将出现重影。离观察者越近，重影越大；点越远，重影越小。这种变化率是距离的线索，陡的看作近，缓的看作远。

移动率的转变——深度感觉最可靠的途径之一是在视场内目标的分别移动。近的目标移动得比远的目标大得多，移动得也更快。如果看到两个目标重叠且当观察者变换位置时，它们的相对位置不变，那么它们在一个平面上是如此远，以致看不到转变。

轮廓线的完整或连续——在战争年代里就已探讨过的视觉深度特征之一即轮廓线的连续性。迷彩伪装能欺骗人是由于打断了连续性。一个目标被另一个目标遮蔽了的状态决定了这一目标是否被看作在另一目标之后，被遮蔽的目标失去了完整性。

亮和暗之间的过渡——正如一个目标在视场中质感的突然变化一样将认作峭壁或一条边缘。亮度的突然转变也会被理解为一条边缘。亮度的逐渐过渡是感知圆和线脚的主要方法。

（2）拓扑形变与拓扑不变量。拓扑学是数学的一个分支。它主要研究几何图形在连续改变形状时还能保持不变的一些特性。在立体几何中，它只考虑物体之间的位置关系，而不考虑物体之间的距离大小。

"拓扑形变"（或"拓扑变形""拓扑同构""同疾映射"等）指几何图形之间的对应、连续函变、反函变规律。

"拓扑不变量"指几何图形在拓扑形变下保持不变的某些特征。

拓扑形变与拓扑不变量的关系可理解为：一个由弹性极好的橡皮做成的意向图形，经过任意拉伸、压缩、扭曲可产生的具象图形。意向图形和具象图形既有某些形变（拓扑形变）又保持某些质不变特征（拓扑不变量）。

在函数计算方面，有关的空间最大化、最小化问题值得建筑师思考。比如：在空间长度、宽度相同的情况下，矩形空间的面积最大、圆形空间的面积较小、三角形和多边形空间的面积缺损较多且不利于家具陈设布置。在空间面积、高度一定的情况下，空间凹凸变化会增加空间表皮面积，有利于空间造型，但不利于空间保温隔热、不利于结构抗震，同时会增加工程施工难度和投资造价。

在函变规律研究方面，有关的几何图形可变、不变问题值得建筑师深入研究。比如：建筑中的拓扑不变量可能是建筑或空间的 6 个界面及其 12 根交接线以及建筑或空间的位置、轴线、高低、宽窄、深浅、面积、体积、体量等。平面闭合线在拓扑形变下可保持平面拓扑不变量不变。换言之，平面图形变换并不能改变原有平面的功能特征——平面的组织结构、互含互否关系、分隔联系方式等。

空间闭合线在拓扑形变下可保持空间拓扑不变量不变。换言之，空间形态变换并不能改变原有空间的功能特征——空间的组织结构、互含互否关系、分隔联系方式等。

（3）视觉引力与视觉引力场。20 世纪 60～70 年代，以阿恩海姆（R. Arnbeim）、渥夫林（Wolfeum）、魏特曼（Max Wertheimer）、科勒（Kohler）等人为代表德国心理学家、美学家开始以人的生理和心理活动为基础，研究人的艺术视觉感受与生理基础之间的关系，建立"艺术视觉心理学（Art and Visual Perception）"理论。

以前谈论的建筑形式美法则或建筑构图原理偏重于研究建筑造型规律，心理学家或建筑师对这些规律的心理学、生理学基础研究还不够，而艺术视觉心理学比较科学地揭示了建筑形式美法则或建筑构图原理中的一些规律。

阿恩海姆 1964 年撰写并出版《艺术与视知觉》、1977 年撰写并出版《建筑形式的动态》，其中第六章谈及秩序与无秩序问题。

阿恩海姆否认联想的作用，认为把感觉活动与意识活动分开是有害的，强调人脑的机能特征，分析人脑对几何图式结构完整性的反应，指出视知觉向心运动的趋向，以此证明"视觉引力（The force）"和"视觉引力场（The force field）"的存在，并提出二者的动势、动态、动感。

阿恩海姆的视知觉理论有两点可以商榷：其一几何形式的完整性，只有在对象尺度小、人眼能尽收眼底的情形下才能被感知到，所以此原则只能用于比人体尺度小的建筑局部。其二强调心理力和心理场的主导作用、排除联想的引导作用，其结果是忽略、拒绝观赏者的移情心理，过分突出理性会把艺术创作送进地狱。

结合建筑形式美法则或建筑构图原理，与视觉引力、视觉引力场有关的三个问题值得建筑师考虑。

①屋顶、檐口、钟塔鼓楼、门廊雨蓬、阳台、楼电梯等是建筑的"视觉趣味点"。由此诱发产生各种力点、方向、大小不同的视觉引力。视觉趣味点宜少不宜多，多则容易分散人们的视线。

②由建筑视觉趣味点连线所构成的平面或空间图式可称为视觉引力

场。视觉引力场指示视觉引力的作用范围，其范围大小与视觉引力的力点、方向、大小等因素有关。视觉引力和视觉引力场二者在视觉和心理作用下呈现出一种反比关系。

③一般平面或空间图式的中心即形体重心，但不一定就是视觉引力场的构图中心。比如上小下大的棱锥体，其形体重心会随着视觉和心理作用向下偏移；上大下小的棱锥体，其形体重心会随着视觉和心理作用向上偏移。找出视觉引力场的构图中心可画龙点睛、稳定大局（图 3-4-1、图 3-4-2）。

（a）

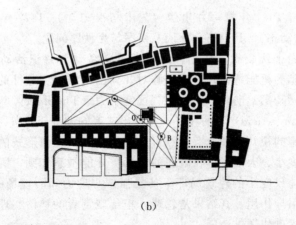

（b）

图 3-4-1 威尼斯圣马可广场的钟楼——空间构图中心

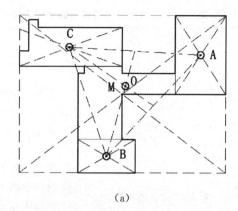

（a）

（b）

图 3-4-2　格罗皮乌斯设计的包豪斯校舍——建筑构图中心

（4）城市空间结构与环境图式要素理论。20 世纪 70 年代，挪威建筑理论家克里斯琴·诺伯格—舒尔茨（Christian Norberg－Schulz）在《存在·空间·建筑》中分析"意象空间"的形成机制，提出中心与地点、方向与路径、地区与领域等是人们对环境的认知要素。

美国麻省理工学院城市规划学教授凯文·林奇（Kevin Lynch）关注环境给人的"直接感觉"及影响，研究人感知、理解、评价环境的行为心理模式及过程，探讨城市环境心理、知觉理论及方法。

林奇在《城市意象》中总结城市有十种空间结构、六种中心模式，同时提出"环境图式要素"理论（表 3-4-2、表 3-4-3）。

表 3-4-2　凯文·林奇的城市空间结构与城市中心模式理论

城市的十种空间结构	城市的六种中心模式
（1）放射形（星形）；（2）卫星城（母子城）；（3）线形（带形城市）；（4）棋盘形；（5）网格状（三角形、六边形等）模式；（6）巴洛克轴线系（曲线与直线组合）模式；（7）花边式；（8）内敛式；（9）巢状（蜂窝状）；（10）近期想象的城市（如联合体、放大模型、透明罩子、海上漂浮器、地下城市、海上城市、太空城等）	（1）服务对象或社会职能上的高层次与低层次中心；（2）社会职能上的特殊与全能中心；（3）线形中心（线性的）；（4）社区中心（面状的）；（5）购物中心（点状的）；（6）流动中心（动态的）

表 3-4-3　凯文·林奇的环境图式要素及环境形象认知条件理论

环境形式构成要素	（1）"区域（Zone）"——有居住区、商业娱乐区、农业或工业区等，在城市形态规模、使用功能、历史文化等方面有明显的特征
	（2）"边界（Boundary）"——有河流、山脉、道路、绿化、建筑等，标识区域的形状和范围，发挥着分隔和联系区域的作用
	（3）"路径（Path）"——有道路与视廊，是环境的"骨架"
	（4）"节点（Node）"——有道路交叉点、方向转折点、空间结构变化点等，是人流聚集地和环境的"核心"
	（5）"地标（Landmark）"——有建筑、构筑设施等，是认知环境的"参照点"，有一定的影响范围，发挥着方位导向、暗示等作用
环境形象建构条件	（1）识别性（Identity）——空间环境的特征或特色
	（2）结构（Structure）——即空间环境的关系要素和视觉条件
	（3）意义（Meaning）即空间环境所呈现的重要性、指示性和象征性

（五）图底关系、线性联系、场所特质理论

美国康奈尔大学建筑学、城市规划学教授罗杰·特兰西克（R. Trancik）在《寻找失落的空间》中总结前人经验，提出三种城市设计方法论——图底关系、线性联系、场所特质。

1. 图底关系理论

"图底关系（Figure－ground）"指示环境中的建筑以实体方式存在，限定或被环境限定。引起视觉吸引力的实体成为图形、衬托实体存在的环境成为底景。从二者关系中可发现某些图形元素、结构肌理和空间空隙，并加以填空处理（图 3-4-3）。

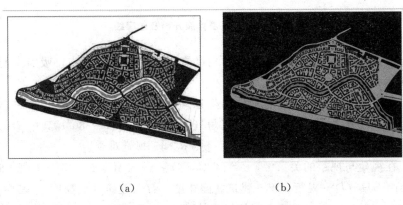

（a）　　　　　　　　　　　　　（b）

图 3-4-3　建筑与环境的图底关系转换

2. 线性联系理论

"线性联系（Linkage）"指示环境中的道路是"实线"，视线是"虚线"。二者建立人、建筑、环境景观关系的连接线，对确定建筑方位、形体大小、视觉角度等具有控制作用（表 3-4-4、图 3-4-4）。

表 3-4-4　景观视距

视觉距离	心理距离
全景 1200m——看城市及建筑群体 远景≤600m——看建筑轮廓及主题 中景≤100m——看建筑立面及细部 近景 20～30m——识别建筑单体	公共距离 3.60～7.60m——小群体交往 社交距离 1.20～3.60m——同事、邻居交往 个人距离 0.45～1.20m——家人、亲友交往 亲密距离 0.15～0.45m——夫妻、恋人交往

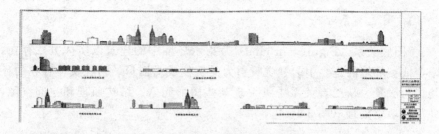

图 3-4-4 建筑群体展开面及轮廓线

从完形心理学或格式塔心理学角度看，一定视距范围内，吸引人们视觉注意力的是建筑整体而非局部。

观看建筑时，人眼具有一定的生理局限。人的水平视角 $\alpha=10°\sim60°$；其中 $\alpha=54°$ 视觉最佳。人的垂直视角（即仰角）$\beta=10°\sim80°$；其中 $\beta=10°\sim20°$ 视觉较好、$\beta=27°\sim30°$ 视觉一般、$\beta\geqslant45°$ 视觉难受。

在视角与视距的关系中，$\alpha=54°$ 时，$D\geqslant1\sim2W$。$\beta=45°\sim11°20'$ 时，$D\geqslant1\sim5H$（D—视距、W—建筑立面宽度、H—建筑立面高度）。其中：

（1）$D>1200m$ 时可看建筑远景轮廓。

（2）$D=600\sim1200m$（即 $D=5H$、$\beta=11°20'$）时可看建筑中景轮廓、区分建筑远景与中景层次。

（3）$D=300\sim600m$（即 $D=4H$、$\beta=14°$）时能看清建筑近景轮廓和立面。

（4）$D=100\sim300m$（即 $D=3H$、$\beta=18°$）时能辨认建筑群体关系。

（5）$D=30\sim100m$（即 $D=2H$、$\beta=26°36'$）时能观察建筑主体全貌。

（6）$D=20\sim30m$（即 $D=H$、$\beta=45°$）时能分辨建筑细部和装饰主题。

3. 场所特质理论

"场所特质（Place）"指示根据不同的场所特质建构不同的场、营造不同的场所氛围。

据调查：环境中的人群活动有三种形式：

（1）必要性活动（比如上学下班、等人等车、送信送货等）经常在路边进行，活动本身与场地（Site）条件及质量无关。

（2）选择性活动（比如散步、观赏、纳凉等）应设置安静的驻足点、驻留点（比如小径、庭院、露台等）。

（3）社交性活动（比如交谈、游戏、运动等）经常发生于公园、广场、运动场等场所（Place）。

此外，各类人群喜欢同类聚集、同时聚集，并且各种活动经常由场地的周边逐步向中心展开，此现象即环境行为学中的边界效应。

据此，环境设计应当选择平坦地形，划分不同的活动区域，控制适宜的步行距离，提供必要的活动设施，建立空间环境秩序（比如中心感、边界感等）、赋予场地（Site）以场所（Place）精神及意义（表3-4-5）。

表3-4-5　不同人群在公共场所中的行为活动特点

老年人 （≥60岁）	以养生为主；体能性、流动性活动减少；喜欢选择热闹、安全、可达性强、宽敞、熟悉的环境，与熟人、小孩、朋友交往
中成年人 （18～60岁）	以工作为主；活动规律性强、社交范围广、业余时间少；很少参加自主性、社会性活动；除工作交往外，更喜欢选择私密空间独处
青少年 （7～18岁）	以学习为主；活动规律性强，业余时间少；渴望人际交往，喜欢与同性同龄的人群聚集；对交往空间的要求不高、善于利用空间环境条件
儿童 （1～7岁）	以游戏为主；求知欲望强、独立活动能力弱，活动范围局限于家庭、学校等；业余活动受时间、地点、设施等因素制约；喜欢选择私密性强、活动范围大的空间环境，与同龄人聚集、游戏

（六）1/10尺度与外部空间模数

在环境中，决定环境适宜度的主要条件是：①生理条件，比如气候因素、知觉因素等；②行为条件，指环境对人某种活动的适宜度；③心理条件，指环境对人心理感受的适宜度，比如安全感、和睦感、尊重感等。

外部空间尺度取决于人的生理尺度。

"1/10尺度理论"指示适宜的外部空间尺度大致等于室内空间尺度的8～10倍。比如，我们的居室尺度为3.3～4m，则外部空间尺度为30～40m。

"外部模数理论"指示以20～25m作为模数来控制、设计外部空间尺度，创造人与人的"面对面交往"机会。

人的嗅觉感受极限为1～3m，听觉感受极限为7～35m，视觉感受、辨识他人表情的极限为25m，感受他人动作的极限为70～100m。在20～25m大多数人能看清人的表情和心绪，在这种情况下，才会使人产生兴趣，才会实现社会交流。

第五节　语言符号学

在城市中，首先映入眼帘的是铺天盖地的广告牌、道路指示线、红绿灯，然后多是国际式风格的建筑。不用走近仔细阅读广告牌便可知商家向顾客推荐的某种品牌；红绿灯的不同颜色传递不同信息；平屋顶、带形窗等千篇一律的建筑一定是国际式风格。

带有含义的信号往往使人们做出判断和反应，按照现代符号学理论，一个事物若能代表它以外的某个事物，则该事物便成为一种符号，除了其自身的实用功能以外还具有传达信息的功能。建筑作为人类典型创造活动的产物，具有文学符号特点。建筑语境下研究语言符号特点的代表建筑师有詹克斯和凡邱里等。然而，建筑符号学理论众说纷纭，至今没有统一的原则理论。随着建筑符号学理论的深入研究，建筑师开始探索建筑在满足基本功能后，是否还可以表现其第二次、第三次功能。以强调文脉、隐喻和装饰为集中代表，以第三代建筑师为中间力量的后现代建筑学派应运而生。日本建筑师、理论家黑川纪章曾说："谈后现代，就要谈符号学。就是在建筑中现代与传统问题的探索方面，当代世界上比较尖端的课题。"那么，建筑语境下的符号学理论是什么？建筑具有遮挡风雨的功能，由混凝土、砌块、砖、水泥砂浆砌成，符号似乎没有意义。但是按照建筑符号学的观点，意识到建筑功能性时，也正感受交流的作用。夜晚可以辨认出哪一盏灯火属于自己温暖的家，正因为家的位置已经在头脑中形成一种代码。只不过不是在社会化程度上，限于思想中和自己交流的模式。分析语言符号学在建筑语境下的应用和文脉延承方面的作用，首先要明确建筑语境下语言符号学的特点。

一、建筑语境下语言符号学的特点

符号学理论按其研究方法和侧重面不同主要包括两个方面，具体如下。

(一) 基于瑞士语言学家索绪尔理论的结构主义语言学

在索绪尔看来，语言行为可分为社会性部分和个别性部分。社会性部分是本质部分，是语言中不以个人意志为转移的"共性"，称为语言（Language），可看作一个系统。个别性部分则因人而异，属个人行为，称为言语（Parole）。言语是露出水面的一小部分冰峰，语言则是支撑它的冰山，并由它暗示出来，语言既存在于说话者，也存在于听话者，但是它本身从来不露面。

结构主义语言观点中的每种语言都有一套关系结构，语言中的各个单位不孤立存在，而是在与其他单位的对比中，彼此有区别地对立存在。例如中国古代建筑的檩条、梁枋、斗拱、台基等部件要素，无论组成的是出檐深远、斗拱雄大的山西佛光寺大殿，还是高高在上的太和殿，离开建筑本身的结构体系，榫卯连接只不过是无意义的木条。符号占支配地位方式的本质最终取决于它的语境。

语言具有历时性（Diachrony）与同时性（Synchrony）。历时性是历史的、纵向进化的、通过时间变化探讨人与人相继关系的联系，同时性是每个时代语言规律。科学凡稳态的都是同时的，涉及进化的都是历时的。

建筑也具有同时性和历时性。建筑代码不排斥各种各样的典型联系，例如楼梯可以和其他构件联系在一起来连接不同楼层。建筑师的设计形式和处理手法不可避免地同以前、已过时的代码产生的形式和处理手法并存。

索绪尔认为语言符号具有双重性，即能指（Signifier）和所指（Signified）。而后有奥格登（C. K. Ogden）和理查兹（L. A. Richards）著名的语义三角学分析建筑，突破了索绪尔的"二分法"界定，阐明了符号与其代表的物体和思想之间的关系。

（二）建筑语境下美国行为语义学家莫里斯（Morris）的符号学理论

1. 建筑符号关系学

研究符号本身的关系和规律，代表建筑师彼得·艾森曼（Peter Eisenman）借鉴语法结构理论研究建筑，借助更深层且更抽象的结构关系，运用句法和文法的概念及建筑语言中的符号集进行表达。

艾森曼20世纪90年代设计的罗马千禧教堂及阿诺诺夫艺术中心以及80年代与罗伯逊设计的俄亥俄州立大学视觉艺术中心都体现了其观点，即建筑活动是外部世界的再构成，是改造世界的行为；不应消极地将人们封闭在一个内部世界中了事。建筑的形态远不是住宅内部现实的面罩。建筑内与外应该有一种辩证关系，住宅不过是一层半渗透膜，既封闭又不隔绝，既交融又分开……英国的勃罗德彭特认为，艾森曼有三种排列（Scaling）方法，具体如下。

（1）非连续性（Discontinuity）（既有过去，可以在羊皮纸上阅读的过去，当然有现在，而且还有一种未来的趋势）。

（2）递归（Recursivity）（采用一种双极对立，如功能和形式，结构和经济，内与外，用多极意义进行叠加）。

（3）自相似性（Self—similarity）（相似性重复）。

尽管艾森曼为体现其建筑观，在弗兰克住宅中饭桌旁的两只餐椅中间设置柱子，从檐部、墙身直到楼板彻底切开的空间锯口使双人床分开放，狭窄得必须侧身而入的门洞口，但是艾森曼的建筑立体构成、双价概念、反转阅读法、形式和形式的诞生是对某种形式关系的固有逻辑性认识的结果，把梁、柱、墙看作句法中的元，按离散数学的方法演绎出各种形式结构系统等许多设计思想开辟了建筑设计新思路，为生成形式结构释意提供了强大而且深奥的理论支持。

2. 建筑符号意义学

研究符号与符号所表达的意义，即能指如何表达所指的关系。注重建筑及其组成要素在语义学方面的表达，例如北京故宫太和殿，公认是中国古代最高级殿宇的代表。从符号学角度看，太和殿是个符号，其能指是这座建筑的形象给人的印象和感觉，中国古代大式木构架建筑重檐庑殿十一间殿。所指是皇帝举行最高隆重仪式场所这一本质内涵，是抽象集中的概念形象，而不是指这座殿宇的具体使用功能。随着历史的演进，太和殿的初始功能耗失，代之的是其二次功能——人们游览古迹的地方。

建筑符号意义学方面代表建筑师格雷夫斯（Michael Graves）设计的埃及米拉玛五星级酒店是埃及古典形式与建造技术的灵感完美结合。其设计的俄勒冈州波特兰公共服务中心（Portland Public Service Building）大楼则体现了与现代主义、国际主义冷漠、非人格化风格的不同，摆脱了国际主义风格建筑一元化限制，走向多元、装饰主义，采用了大量的装饰细节和古典主义基本设计语汇。

3. 建筑符号实用学

建筑是最复杂的一种符号体系，不像音乐主要作用于听觉，建筑同时作用于人的多方面感官，通过视觉、听觉、嗅觉、触觉平衡感、运动和方位感等感知。例如武汉市南岸嘴设计规划投标方案中，一家荷兰建筑师事务所的方案是从人体视觉、听觉、嗅觉、触觉等角度进行设计，考虑如何向人的感官发出信息，而信息又如何被人接收和译码。

建筑符号实用学涉及人的反映，不同国家的人、不同时代对同一建筑会产生不同评价。例如俄勒冈州波特兰市公共服务中心大楼，有人评价其为一座狗舍、铅制的阴郁而令人讨厌的东西，而设计者认为把建筑分为头、身、脚三部分是拟人化的表现……绿色台座意味着树叶长青，土色束腰和奶油色中段隐喻大地，淡蓝色屋顶与天空相应等。

二、建筑语境下语言符号学应用面临的问题

建筑语境下语言符号学应用面临的问题主要表现在三个方面，具体如下。

（一）媒介存在标准问题，符号本身具有不确定性

符号学理论认为人在本质上不同于其他生物的关键在于人不是生活在一个单纯的物理宇宙中，而是生活在符号世界中。人们使自己被包围在语言的形式之中，若不凭借这些媒介物为中介，就不能看见和认识任何东西。但是建筑语境下的语言符号学面临的问题之一即媒介存在标准问题，由于符号本身的不确定性，导致建筑所传递的信息被误解误译，表达意义的符号不可信赖，建筑传达的意义不可靠，一个符号有时候会传递不同意义。

建筑师语言需要被使用者"译码"。从贝聿铭的巴黎罗浮宫前的水晶金字塔到赛特事务所设计的呈锯齿状与建筑主体分开的墙角以及使人联想起地震破坏或核爆炸肆虐的诺兹展销店，再到沙里宁麻省理工学院小教堂内部宣泄而下的光影设计，建筑确实向人类传达了语言信息，具有隐喻和象征意义。

"建筑可以说基本上或有时类似于语言，它可能部分地或全部地拥有语言的基本特征……或者它只偶然可以获得语言的基本特征，只有在这种假设下，我们才可以从语言学的比喻中认识建筑的符号学理论……但是'符号学的''结构主义者'等艺术或建筑观点的倡导者，从不同语言性质假设出发，同样不能得出可以决定建筑的语言特征。"例如艾森曼在住宅1号中切去柱顶的柱子，圣奥恩教堂的瘦长扶壁，建筑符号表现某种功能，实际上不具备那项功能，表示的功能也可能使建筑向人们清楚传递了错误信息。

鲁迅戏谑孔乙己研究茴香豆的"茴"字有几种写法，我们可以理解出多种隐喻，但是由于语言体系不同，外国人就不能够理解其中的内涵；客人搬动椅子想靠近主人，美国人、意大利人认为可以理解，而德国人认为是无理的。不同的国家和民族虽然有许多共性，但从根本上说有不同的价

值体系和符号体系，任何一种符号体系都有其形成的关联域，即环境和文脉。

（二）建筑语境中的语言符号学应用存在的制约性

语言符号是概念和音响形象的结合，它表示整体。所指和能指分别指概念和音响形象。语言符号是任意的。一个社会所接受的任何表达手段，原则都以集体习惯，即以约定俗成为基础的……能指对它所表示的观念来说是自由选择的；相反，以语言社会来说使用它是不自由的。意思是符号作为能指与其选定的所指关系约定俗成以后，便不能任意解释。例如：门＝通路，哥特式风格＝信仰的时代等。由此可见，语言符号学的应用是有一定范围的，符号学的应用应该以社会的约定俗成为基础。

（三）建筑语境下语言符号学应用存在简单的装饰性与拼凑性

建筑符号学理论源于公众的思维代码公式，运用符号是为了公众更好地体验场所意义，感受建筑深层结构，但是建筑符号理论运用到实际设计中，符号往往成为建筑外表肤浅的标签、拼凑、照搬过去的简单复古，即所谓仿古建筑，使建筑物产生不和谐之感。中西建筑形式简单叠加，建筑设计停留在外观和材料质地上的表皮处理。尤其在旧建筑改造和主题街区设计中，能指符号图像层面的简单运用问题非常明显。

建筑语境下语言符号学的这种应用背离了建筑符号学初衷，起始于人又远离于人。建筑设计理论丰富而庞杂，建筑不等同于语言和符号，也不是纯艺术，除了形式以外还要考虑诸多因素，如结构、功能、技术、水电、供暖、材料等。人的心理、行为等诸多因素对建筑文化有着不可忽视的影响，包括生态建筑、智能建筑不是建筑语境下的语言符号领域所能一言以蔽之的。批判建筑语境下语言符号学理论应用的同时，应该注意到语言符号学理论本身也处于发展状态中。例如后现代思潮中德里达提出的"分延"揭示能指、所指区分的任意性等。虽然建筑符号学具有多重译码、多层含义、没有统一标准和确定性，但是建筑设计本身也存在广泛性、复杂性、地域性特征，建筑符号学理论的重要意义更在于为建筑师和使用者的交流沟通架起桥梁，成为建筑设计的工具的建筑代码是有组织的建筑构成意图或一整套建筑构成的组织规律，建筑师不能成为简单的时尚追随者，应该对语言符号关系学、意义学、实用学方面深入研究，更注重符号应用关联域的研究。事实上，人们接受含义以及联想的方式对含义的解释都因关联域不同而异，建筑师需要有的放矢地运用符号学理论，从形象和空间利用沿革建筑符号，开拓创造，避免落于俗套，过分依赖建筑符号的图像装饰性表达，从而形成具有时代特征和民族性的中国建筑风格特色。

三、建筑语境下的文脉延承

自 20 世纪 80 年代以来中国建筑师一直在探讨传统与现代建筑风格如何结合成具有中国建筑特色的风格之路。由于建筑设计本身具有图像符号、视觉符号的设计特点，同时处于环境、文脉的符号体系中。建筑符号学为传统与现代、建筑与环境的文脉延承方面提供设计方法依据。尤其在文脉传承、隐喻装饰手法方面成为建筑师建筑理论分析和设计的有效手段，文脉延承不仅停留在建筑本身的历史文化传承，更体现在与所处环境地域特征下的延承关系。

黑川纪章认为传统有两种理解：一是眼睛能看得见的，如建筑的样式、外观、装饰等；二是眼睛看不见的，如北京故宫的中轴线，四合院的空间感。再如天圆地方的思想，反映古代人对宇宙的看法，具有抽象的隐喻，还有人们的生活方式习俗等，无形的传统必然在建筑中有所反映。传统中最具特色的部分作为符号提取出来，经过本质的抽象，再运用到现代建筑创作中去，这就不是复古的，而是尖端的。建筑语境下的文脉延承体现在地域文化特质、传统材料现代表现、适应地域自然条件等多方面。

地域文化特质文脉延承方面，中国当代建筑师不断尝试如何更好地诠释中国建筑和园林特色的自然和空间，"天人合一"哲学观和文化观，例如北京兴涛小区会馆设计传承亭和堂的概念，设计围合不同封闭程度，再现四合院的内向型空间，万科第五园内部空间处理蕴含古典园林的迎、转、折、回等；传统材料的现代表现方面，例如贝聿铭设计的香山饭店，轻装素裹、白墙灰瓦、方形母题，通过不同材料、借助不同构件在不同建筑部位上拓扑变形生成多种形式不同的建筑符号的江南山水画，以及典型形象符号运用方面的成都清华坊坡屋顶、清瓦封檐和清水墙的对比，主入口的烽火墙内镶悬山顶来引导人流等；适应地域自然条件方面，例如西藏的阿里苹果小学位于宗教圣地神山岗仁波奇峰脚下，设计者最大限度地利用当地仅有的建筑材料卵石，群体出现的地形化的挡风体，将神山的天然景色引入学校每一个院落中。在建筑形式和风格日益趋同，建筑文化带来冲突和融合的今天，中国建筑设计作品出现很多对于传统建筑符号从图像和空间上、具象和抽象地运用来进行文脉延承的成功案例。

如今，在建筑语境下的语言符号学理论的确存在建筑师设计思想和理念不能通过建筑符号表达来被公众所完全解读，以及建筑符号运用上的简单装饰性和拼凑性等问题，但是在建筑文脉延承方面、建筑设计理念上，建筑符号学具有重要作用。建筑符号学理论丰富而复杂,在建筑设计中的运用,需要建筑师深入挖掘建筑符号的关联域特征,避免设计手法上极端形式主义的运用,提倡批判性的吸收和利用建筑符号学理论,寻求凝聚在建筑实体上的灵魂在信号接受者和创造者之间的共鸣,让认识体系中的内存信码与建筑实体传递的信息撞击。应该明确建筑语境下的语言符号学理论好比哲学,不是"凌驾于科学之上的科学"。需要基于满足建筑本质基础之上的科学辩证运用,而不能用其去解决建筑创作的全部问题。❶

第六节　信息传播学

当代建筑设计已呈现多样化、跨领域的发展趋势,建筑设计师的设计也已呈现多层次、全方位的复杂过程。传播学在新媒体的不断发展中不断实现内容与形式的更新与扩充,其与建筑设计也形成了全新的交融区域,并对当代建筑设计产生了深远的影响。因此,建筑设计在现代传播学的引导下适应于当今信息传播的环境,不断更新其形式、创造方式,使建筑作品更符合时代的背景与发展潮流。

信息时代的到来,促使海量信息通过形式各异的媒介传播给受众,而受众之间也在进行着信息的互动与沟通。新媒体高度发展的今天,我们每天都在进行信息的传播,但是我们却没有充分意识到传播对当代生活生产的重要性。

当代建筑设计早已不是传统的艺术领域中的重要分支,它已经与众多领域学科之间进行了交融互动,如今的建筑是海量信息的载体之一,同时更是一种传播的媒体。而建筑设计在创作的过程中充分展现了现代传播学的各种特点,且具备传播的基本要素,符合以往的传播模式。

一、传播学的基本概念

(一)传播的定义

传播(Communication),是传播学最基本、最重要的理论根本。传播学的研究任务与研究对象就是:"什么是传播?"从传播学诞生至今,传播

---

❶ 李艳菊. 建筑语境下的语言符号学理论批判及文脉延承 [J]. 沈阳建筑大学学报,2010 (03).

的定义界定依旧没有在业界内达到一致共识，因其外延过大，不同人的观念以及观察角度的差异化，导致不同的学者对传播的定义各执一词。同时，西方业界对"Communication"一词也给出了不同的解释（表 3-6-1）。

表 3-6-1　有关传播（Communication）的不同解释

概念	定义
符合（Symbol）言语（Verbal）互相了解（Mutual Understanding）	Communication 即用言语交流思想（J. B. 霍本，1954 年）
互动（Interaction）关系（Relation）反馈（Feedback）	互动，甚至在生物的层次上，也是一种 Communication；不然，共同行动就无法产生（G. H. 米德，1963 年重印本）
不确定性之减少（Reduction of Uncertainty）	Communication 来自减少不确定的需要（D. C. 巴伦德，1964 年）
过程（Process）	Communication：运用符号，如词语、画片、数字、图表等，传递信息、思想、感情、技术等。这种传递的行动或过程通常称作（贝霍尔森和塞纳，1964 年）communication
联系（Linking）	Communication 是把分散的现实世界联系起来的过程（鲁斯奇，1957 年）
共同性（Commonality）	Communication 是变独有为共有的过程（亚力克斯·戈德，1959 年）
刺激（Stimuli）传者（Source）受者（Recipient）	每个 Communication 行动都被看作信息的传递，其中包括传者向受者传递可以辨别的刺激（西奥多·纽科姆，1966 年重印）
目的性（Intentionality）	在大部分情况下，传者向受者传递信息旨在改变后者的行为（杰拉尔德·米勒，1966 年）
权力（Power）	Communication 是使权力得以行使的机制（S. 沙赫特，1951 年）

　　最新的理论研究表明，基于建筑设计的传播指的是社会信息的传播，且在一定的社会关系中得以开展，同时也能直接反映一定的社会关系，故我们可以把传播定义为"社会信息的流动"。

（二）传播的基本要素

　　研究任何事物都离不开其构成部分的分析与解读。根据当前传播学的研究，我们可以将传播的构成要素确定为四个，它们分别是："传播者""传播内容""媒介"以及"受传者"。这四大基本要素是整个传播过程必不可少的组成部分，它们之间相互影响、相互作用，最终按照一定的规律构成传播模式。

哈罗德·拉斯韦尔是传播学的奠基人之一。他就对传播过程进行了深入的研究，并提出了著名的5W学说，也就说世界上所有的传播行为都涉及以下五个问题：①谁传播？②传播什么？③通过什么渠道传播？④向谁传播？⑤传播的效果怎样？

其中，"谁传播"研究的是传播者。"传播什么"研究的是传播内容。"通过什么渠道传播"研究的是媒介要素。"向谁传播"研究的是受传者。"传播的效果怎样"多指传播完成后的反馈，因此不被计入实体要素的传播过程中。这几个方面也是我们接下来对建筑设计中传播学理论的渗透分析所需要展开论述的重要内容。

（1）传播者。传播者，即传播行为的引导者。它是传播过程中的第一基本要素，同时具有一定的主动性。传播者可通过一定的工具或是生理手段来向受传者发出信息。因此，传播者就是整个传播活动的起点。没有传播者，就没有传播过程。传播者在传播过程中的任务很简单，就是制作、传播信息。可以说，传播者直接决定着信息传播中的传播内容。传播者的性质比较复杂，一般会受到客观环境的限制与约束，因其本身也是社会控制的手段之一。

（2）受传者。受传者是与传播者相对应的概念，它指的是传播过程中信息传播的接受者。因此，受传者就是传播行为的最终对象，同时它也是传播活动存在的基本条件。可见，受传者在整个传播过程中担当着极其重要的角色。受传者的研究对整个传播架构的分析来说至关重要，因其直接决定了传播效果是否达成，传播是否成功。传播者与受传者是相互影响、相互作用的一对范畴，两者在传播过程中的活跃程度是最高的，它们可以直接构成一组特定的传播关系。传播关系的具体含义为传播者与受传者共同注意到某个问题，此时产生了获取信息的基本需求，为了交换彼此已掌握的信息，从而产生了某种联系。因此，传播关系是双向的，对立双方可平等地交换信息。

（3）传播内容。传播内容是传播过程中重要的实践环节，它是构建传播者与受传者之间密切关联的"桥梁"，同时也是两者在传播过程中必须关注的重点。通常，我们把传播的内容定义为一种信息。信息本身作为一种抽象的虚拟存在不能直接被传递，需要借助一定的载体来实现传播，而最直接、运用最为广泛的载体为"符号"。符号的形式多样，语言类与非语言类是其基本的类别。其中，视觉、听觉、嗅觉、触觉是非语言的基本内容。符号的选择没有确切的标准与原则，需要结合实际情况而定。唯一需要遵循的要求就是符号必须要能够让受传者明确信息的具体含义。由此可见，符号共享是传播过程得以发展、完成的"钥匙"。因此，传播过程中的两大重要环节是编码与译码。编码指的是信息转变为符号的过程，而译码是将符号转变为信息的过程。无论是编码还是译码，这两者都必须明确且选择对方能接受的符号形式。

（4）传播媒介。信息在传播过程中需要经过的渠道就是我们现在所论述的传播媒介。在特定情况下，传媒媒介就是人本身。但多数情况下，传播行为一定要借助其他物质作为传播媒介才能得以实现。从传播学的角度分析，传播媒介指的就是可承载信息且可传递信息的物理形式。媒介的存在方式较为特殊，既可以以工具的形式存在，也可以以非工具的形式存在。人们可以控制媒介，因其可被人类发明与制造，让媒介为传播信息服务。与此同时，传播媒介同样可以反作用于人类。但是，这种影响对人类而言微乎其微且并不符合传播者的原意。媒介的存在价值是从正式进入传播过程而显现出来的，它具有一种别样的活力，因其特殊的属性，媒介多具有内在的规律与基本特征，从而对人类社会产生潜移默化的影响。

（三）传播模式

传播的过程是一种动态的过程，信息需要在此过程中实现流动、互动与交换。可见，传播的过程纷繁复杂。相关学者一直试图找到形式各异的传播现象所共同符合的客观规律，希望能以通俗易懂的方式来向世人阐述整个传播过程。此时，对传播模式的研究就成为全新的研究领域，而被众多传播学者所分析解读。

基本传播要素与各个要素之间的相互作用构成的就是传播模式。具体而言，传播模式指的是通过科学抽象，在理论层面把握对象基本框架的基础，对传播结构的重要组成、传播过程的关键环节以及这些部分、环节和有关因素之间的相互关系的最简单的描述。目前，我们最常使用的描述方式为在简单的图式上附写简明的文字说明。除此之外，关键词语、数学公式也是可利用的描述方式。

传播模式的功能具有多样化，其主要功能体现在如下几个方面。

（1）传播模式可完整、清晰地再现传播的基本结构，同时深入揭示其系统内部各个要素之间相互关联、相互制约的互动关系。从而实现使人们在传播模式的影响下获得对整体的印象。

（2）传播模式同时为传播者与传播研究者对传播过程开展的研究分析

提供了科学的方法论与基本方法。

传播模式既把具有复杂结构的传播结构进行了分解、展开，也列举了基本构成要素之间的双向关系。综上，传播学者在对传播模式进行分析研究的时候，一方面要对传播的构成要素进行个别的、针对性的研究；另一方面要对各要素之间存在的共生关系进行深入研究，从整体出发，探究其运行的基本规律。

二、传播学与建筑设计

传播学作为一门独立的学科是从 19 世纪末日趋形成的，在逐步发展完善的过程中，传播学与其他领域学科之间产生了一定的关联性，其内容也开始向其他领域学科渗透。而建筑学也成为传播学者当下所关注的重点领域。目前，无论是传播学者还是建筑学者都开始从传播学的角度去分析解读建筑的相关论述。下面我们将列举几个比较著名的有关传播与建筑设计的理论论述。

（一）本泽的符号与设计理论

马克斯·本泽，德国著名美学家，他对信息学在现代设计学的领域的应用有过深入的分析与研究。经过长时期的理论探索，本泽在《符号与设计——符号学美学》一书中，对符号学与设计学之间的关系进行了解读与论述：世间所有的设计都可按照科学的规律来进行。

本泽在书中将设计对象设定为一个可以随时操作的对象，再结合广义符号学、传播学、信息学等相关的理论研究成果以及方法论，对设计与符号加以分析。按照本泽的观点，世间万物的实践过程可分为物理过程与传播过程两大类。物理过程我们在此不论述，传播过程是我们分析研究的重点。首先要确定一点，传播过程不依据决定论。在部分传播过程中，无论是传达还是通告都在传播中起到了一定的作用，而信息是传播过程的关键，因其需要用信息来体现。当然传播的信息是不固定的，传播者可根据实现需要来改变信息的形式与内容，此时信息的传播就具有一定的偶然性，这种偶然因素就是创造力的源泉，只有这种非决定论的或者习惯确定的过程，才能导致真正的信息或创作发明的操作。

根据本泽的观点，设计不是具有决定论的物理过程，而是非决定论的"传播"过程。将其引入建筑领域，建筑形式本身就是某种特殊的图像符号，它可成为信息传播的基本载体。因此，建筑领域在社会各个方面的应用也是一种独特的文化传播。这个传播过程符合传播模式的基本规律，传播者即建筑设计师，受传者即大众。在传播过程中，建筑符号自然是信息的主要内容，而建筑符号可通过空间来实现信息的传播，因此，空间就是传播信息的基本渠道。如果我们想要建筑的符号体系尽可能地被更多人所认可，那么我们需要让传播者与受传者都具有一定共通的符号贮备。

虽然本泽对物理过程与传播过程的界限解读不够精准，但其划分原则具有独特性、创新性。他在书中所提出的符号贮备概念，为日后传播学应用于建筑设计提供了扎实且丰富的理论基础。

（二）艾柯的大众传播观点

恩伯托·艾柯，意大利著名的符号学专家。影响传播学发展的著作《符号学理论》就出自艾柯之手，该书是当今符号学的权威论著，即便在新时代背景下，《符号学理论》也依旧具备现实意义与参考价值。艾柯原先曾对视觉与建筑符号之前的关系做过具体的论述，而后在其更为深入的分析研究后，在原来观点的基础上形成了全新的符号学理论——《符号学理论》。

艾柯在分析研究过程中，始终把建筑活动是传播活动这一观点作为论述的出发点。在其相关著作中，他就一再强调，建筑本身就是一种特殊的大众传播方式。建筑可满足人们对物质与精神的双重需求，因此建筑固定了大众认可的生活态度与生活方式。

建筑设计师与公众之间的传播关系在艾柯这里得到了具体的阐述，他认为建筑设计的"传达"多体现公众的多样需求，需要从已被公众接受的前提出发，以此为基础论述可被多数人认可的"论点"，从而实现对事物的认可与称赞。由此可见，建筑学的传达本身就是一种说服与引导（心理层面上），潜移默化地暗示公众跟上建筑信息中所含有的指导命令，来实现指示功能与引导功能。

艾柯的上述相关观点无不清晰揭示了作为传播过程的建筑设计的各种内外在关系。我们可将其归纳如下：①建筑设计师在设计过程（传播过程）中需要根据大众对建筑信息（建筑形式）的反馈来不断改变其传播信息的方式与内容，以满足大众的多样化需求，反馈的类别可即时、可延时，也可是反馈后的经验积累；②建筑设计师需要不断创新设计形式，如联想、类比等，为的是更新建筑所蕴含的建筑信息，向大众提供各种符合时代背景和人们精神需求的生活方式，最终实现影响公众符号贮备系统的最终目的。在这个信息传播的过程中，建筑的形式也就实现了自我的发展。

除此之外，艾柯也在论著中阐述了一些有关建筑现存的且有别于大众传播方式的事物。艾柯认为，作为传播过程的建筑设计所暗藏的信息与通俗意义上大众传播的信息是不同的，其差异也在于信息容量。显然，建筑所包含的信息更为复杂，特征也较为模糊，比起大众传播的信息更不易掌握。因此，当代建筑设计所需要面临的重大问题就是如何准确分析和把握建筑设计中传播的内容。我们需要在设计过程中，将建筑所包含的复杂信息内容清晰、完整地解读，才能把复杂的过程转换为简单的组合体，从而使建筑设计符合传播学涉及的内容。

三、建筑信息传播的模式及影响

(一) 建筑信息传播模式

西方文艺复兴时期，真正的职业建筑师出现后，建筑设计活动开始明确形成"少数人→媒介→多数人"的模式。这种形式实际上是大众传播的模式，因此建筑设计活动也逐渐成为一种大众传播活动。

传播者系统（业主、决策者、建筑师）自反馈→建筑师设计前期调研→设计意图（传播内容）→建成建筑（传播媒介）→使用者使用后期评估→受传者系统（社会公众、专业人士、新闻媒体）二次传播。

1. 认知论

受众的认知过程模式是：

媒介信息→符号形式输入→注意选择→过滤方式＋衰减方式→长时信息活动＋记忆储存状态→工作记忆→思维调节控制→行为输出。

思维调节控制→工作记忆→长时信息活动＋记忆储存状态。

注意选择＋思维调节控制＝中心通路、表征和信息加工过程。

媒介信息附载于文字、声音、图像等媒介符号并作用于受众感官。被受众注意的信息以过滤或衰减方式进入中信通道。

在心理学上，表征是指"将现实世界转化为心理事件的历程""是将对象的某些特征及其相互关系以另一种对应的形式予以表现"。

受众接受媒介信息的同时就进行着表征活动：将某种媒介符号转换为心像表象（如某种图形、某人、某物的形象），进而再将这些形象转化为某种比较抽象的概念，以便更多的信息内化和贮存。前一层次的表征叫作"符号表征"——人类知识的基本存在形式；后一层次的表征为"命题表征"——乔姆斯基（Chomsky）的"语言转换生成说"中的表层语言被转换为深层语言。

信息加工心理学认为，当给被测试者以刺激时，他要依靠头脑中的经验才能决定做出反应。所谓经验，包括机体的状态和记忆存储的内容。刺激和被测试者当前的心理状态，二者共同决定着被测试者做出什么样的反应。

思维是人脑对客观事物间接、概括的反映。思维是人脑借助于语言实现的，它是以已有的知识为中介，对客观事实对象和现象的概括和间接的反应。

2. 注意

日常生活告诉我们，我们接受和加工信息的能力是有限的。我们总想在尽量短的时间内获取尽量多的信息，然而往往事与愿违，所以我们才感慨"信息爆炸"、斥责"信息垃圾"。

"通道容量"指通道所能传达的信息的能力，或者说通道传达信息源产生的信息数量。正是通道容量不足，才使得我们不能同时加工全部感觉线索，而只能选择地注意其中一些线索。

作为一种心理活动，注意是感觉、知觉、思维、想象、记忆等心理过程的开端。它明显表现出"指向性"和"集中性"两个特点，同时具有"选择性（功能上）""稳定性（时间上）""周期性（起伏变化上）"等特性。

在建筑中，"有意注意（有目的的）"区别于"无意注意（无目的的）"的一个特点是往往在目睹建筑物之前就已经知道这幢建筑物的存在，甚至还对其有一定程度的了解。

建筑需要引起注意才可能成为名作。如果说引起无意注意更多的是依靠单纯建筑形式设计，那么导致有意注意则有一些更广泛和更复杂的原因。名作具有"马太效应"——放大作用及效果，一旦建筑成名，那么关注它的人就会越来越多，从而导致它的名气越来越大。

建筑引起受众关注的因素主要有：热点事件（比如贝聿铭设计的肯尼迪图书馆）、敏感地段（比如贝聿铭设计的美国国家美术东馆和巴黎罗浮宫扩建部分）、著名建筑师（比如莱特和贝聿铭）、制造冲突（比如罗杰斯设计的巴黎蓬皮杜艺术中心和林樱设计的华盛顿越战纪念碑）、紧随时尚（比如菲利普·约翰逊）。

引发受众关注建筑设计，是建筑成功的第一步，并不一定是必需的一步，但这却是有意义的一步。大多数引发受众关注的建筑最终都比默默无闻的建筑获得更多公众的认可。

3. 刺激—反应论

建筑受众环境有基本环境（Home and Office）、城市环境、拟态环境（Pseudo-Environment，媒介环境）。

受众对建筑环境信息的认知包括对建筑环境的直觉、联想、理解、情感等问题。

直觉建立在感觉（Sensation）、知觉（Perception）基础上。

联想往往建立在推理基础上，是比感觉、知觉更高级的一种认识，是一个理性阶段。

理解是受众运用已有的知识、经验，对传播内容的理性认识，是人对环境的本质、特征、功能、相互关系以及内容与形式上的特征及其规律的把握和揭示。

情绪是情感在特定情境下的具体表现，具有境遇性、现象性、不确定性，是人在特定环境下受特定对象的刺激而唤起的特殊感受、体验、态度。

现代心理学把与有机生理需要相联系的态度体验称为情绪，某些无条件反射所引起的情绪体验被认为是较低级的情感，高级情感则是人的复杂的社会性情感（可划分为道德感、美感、理智感三大类）。

情绪与情感的生理基础是相同的，都是大脑皮层与皮层下中枢神经协同活动的结果。二者的划分是相对的。一般说来，情绪往往和具体环境或事物的情景相联系，并且较为短暂，而情感的内涵要深刻得多，常与更多的精神方面的意义等相联系。

（二）建筑信息传播的影响

1. 建筑传播的目视信息

在传播的数学理论或信息理论中，根据韦弗（W. Weaver）的说法，信息（Information）一词"与你说的是什么没多大关系，而与你能说什么有关"。

在信息理论术语中，信息与物理科学中的"熵（Entropy）"非常相似，它是对随机度的一种测量。

从信息论的观点看，建筑所承载的信息既具有发生、发展、终结、沉淀全过程的历时性特征，又具有其自身构成以及与环境关系的共时性特征。需要从信息论的角度去识别和分析建筑的时间与空间、整体与细部、标志与背景等信息，控制信息强度与适宜度，凸显"有效信息"，消减

"垃圾信息",使"无序信息"向"有序信息"转变,从而建立起良好的城市建筑目视信息系统。

建筑本身会传达"环境定位""建筑自身的性质和功能""历史时代特征""地域性文化"四种信息。

一个建筑是否可以提供定位信息,取决于它是否对定位起到正面影响。有的建筑非但没有成为增加定位的参照物,反而会降低环境识别程度(定位信息量)——增加了信息系统的紊乱程度即"熵"。

一幢建筑能否成为标志性建筑的条件包括:建筑高度、造型及周围环境的目视范围等。越是复杂的建筑,越需要传达建筑的环境定位信息、建筑自身的性质和功能信息。

在建筑传达给人们自身性质的信息方式中,依附于建筑上的文本传达给人们建筑自身的性质信息,这是一种最直接的信息传达方式。通过造型特征反映建筑性质和功能,这是一种间接的信息传达方式。

历史建筑是建筑活动的人类历史长河中的极少部分。它们成了历史信息的稀有媒介,无论是其随着时间延续而产生历史价值,还是其在现代城市中的独特形式,都足以引发更多的注意,从而促成更多的信息传播活动。历史建筑所包含的信息非常丰富,经历漫长发展,各种历史阶段的信息可能会随着历史建筑的发展而累积在环境中,历史建筑与环境的关系不可能凝固在一个历史点上。

"文化"涵盖的范围非常广泛。文化的意义是指人类的行为模式和精神成果,包括经济生活模式,也包括政治、艺术、宗教、家庭等各种生活模式以及与其相应的各种规范制度和诸如伦理观念、宗教态度、心理气质、艺术趣味、价值观、自然观等各种社会意识。文化特征来自于人们对生活形态的感悟,往往在文明和进步的过程中得到保留,呈现出人类文化的连续性。人们对建筑传达的地域性信息的需求潜藏于心灵深处,这种需求往往不像在城市中寻找方位那样明显和直接,但它却具有深层次的力量。

2. 建筑设计的信息评价

(1)信息量原则。判断一幢建筑所包含的信息量的多少,不单纯取决于这幢建筑规模是否大、造型是否复杂、细部是否丰富,关键在于它能解除多少不确定性和在多大程度上给人们无法预见的感受。

建筑具有的多义性和充分的想象余地,往往是赋予建筑更多信息量的重要因素。

有效信息是指由传者发出、完成信息传播过程,并被受传者接受的信息。

信息量的多少由受传者接受的关键量决定，受传者接收了的信息才是有效信息。

完全是人们熟悉的建筑形式，则传达的信息量很少，完全是全新的建筑形式，则人们就难于理解，从而影响接受的信息量。

（2）信息优化原则。传播者传递给接受者的信息新颖度（Novelty）和独创性（Originality）是信息传播过程中的两个关键量。

建筑所传播的信息能为人们所顺利接受的基础之一是：信息组合必须达到最优化。

在一定情况下、给定的时间单位中，人们只能理解和接受一个信息原件中的有限信息量。对接受者而言，信息量越大，其新颖度（Novelty）也就越大。而新颖度越大，接受者能获得的感知却越少，越不能将其集合成一个整体（格式塔）——不能理解信息，不能将已有知识和经验应用于当前信息。

（3）信息冗余原则。冗余是一个与"熵"（信息紊乱程度）密切相关，但含义相反的概念。

冗余度＝1－相对熵＝（最大熵－实际熵）/最大熵。

实际熵是对信源不确定性、无序性、无预见性的计量。某信源或消息中的实际熵越大，其不确定性、无序性、无预见性越高，其冗余度就越低；反之亦然。

提高信息的冗余度即降低信息的实际熵，可以使人们省却选择和判断的过程，在最短的时间内把握环境特征。

（4）附着信息原则。附着信息有"历史信息""政治信息""商业信息""文化信息"四种类型及形式。

传媒要素的功能是传播信息。传媒要素与建筑形态构成要素一样具有一个同样重要的特征：既满足建筑的功能要求，又满足建筑的形式美要求。传媒要素的可变性由其功能特点所决定，是传媒要素区别于建筑形态构成要素的基本特征。

信息接收者通过主动和被动两种方式接收附着信息。

反思中国城市的"城市形象特色消减""景观无序""信息与建筑不协调""信息垃圾泛滥"等现状，建立附着信息秩序有"控制城市目视信息""组织传媒空间手段""设计建筑传媒要素"等途径及方式。

第四章　建筑规划设计的全过程（上）

本章为建筑规划设计的全过程（上）从理论入手，主要介绍建筑场地规划和建筑项目策划。

第一节　建筑场地规划

建筑设计是从整体到局部逐步深入的过程。它需要从建筑设计宏观环境的分析入手，以获得建筑设计的逻辑依据与灵感，并在此基础之上进行场地的整体规划。

一、建筑设计宏观环境的解读

建筑设计的宏观环境主要是指建筑与城市、单体建筑与建筑群体、建筑与周边环境的关系，具体而言是指基地特征、城市历史文脉、建筑物理要求以及建筑材料等，这些都是建筑设计伊始应予以重点考虑的因素。

（一）基地特征

一般而言，建筑总是属于某一个地点，它依赖于特定的基地，这块基地有着自身与众不同的特征。在进行建筑设计之前，应进行详细的资料收集，尤其是关于基地特征的基础资料的收集，并在此基础之上进行整理与分析以获得充分的设计依据。基地的特征主要包括场地区位及其地质地貌、场地使用情况及周边建筑、建筑朝向及气候条件、历史文脉及景观资源等几个方面的内容。

1. 场地区位及其地质地貌

场地区位主要是指拟建场地在城市中的位置、交通状况、市政设施、城市规划条件等。场地区位代表着拟建地块与城市宏观环境的联系。

地质地貌主要指场地的地质情况与地面形态，例如场地内的山体、山脊、山谷、坡度、排水设施等，是分析建筑物可建范围的重要依据。例如，西扎在为位于葡萄牙西南部城市埃武拉（Evora）建造经济适用住宅 Quinta da Malagueira（图 4-1-1）时，没有在城市周围的敏感景观中开发多层住宅，而是提出了"在两片由低矮的梯田式的庭院住宅组成的场地之间分配该项目"的计划。因此，建筑的布局需要适应于起伏的地势，以确保房屋分布的狭窄的、铺满鹅卵石的街道始终沿着斜坡。

图 4-1-1　西扎设计的经济适用住宅（Quinta da Malagueira）

这一建筑最引人注目的一个方面在于，住宅区内部的水、电分配都由一个高架的管道网络所负责，这在 20 世纪 70 年代是一次相当大胆的尝试。

2. 场地使用情况及周边建筑

场地使用情况是指场地内的现状建筑物以及与之相关的拆除、保留、改造与利用等问题。同时，也应关注场地周边建筑物的样式风格、建筑材料等特征，这些也是建筑设计重要的宏观背景。

周边建筑主要指场地周边建筑物的风貌、高度、体量等现状情况。周边建筑的现状会对场地的日照条件、交通组织、视线设计、防噪、防火等产生影响。例如，由西扎设计的中国国际设计博物馆（图 4-1-2）。它集合了典型的"西扎式"的建筑语汇：简洁、纯粹、流畅的线条、几何元素的巧妙组合。建筑整体呈三角形的几何布局，在契合了学校原有的狭长地带的同时，也使建筑本身具有一种张力。

图 4-1-2　西扎设计的中国国际设计博物馆

外墙的主色及材料为安哥拉红砂岩辅以法国果黄砂岩，虽然这种比较鲜亮的颜色选择在西扎的过往建筑中不太常见，但在这一次的空间语境中，它和周围的草坪、绿树和被建筑切割的湛蓝天空形成了呼应。在展馆顶部和侧面，还设有开阔的玻璃窗，将自然光线和馆外的景色引入内部空间。

3. 建筑朝向及气候条件

建筑朝向主要指根据场地的日照条件、主导风向（冬季主导风向与夏季主导风向）及其频率进行建筑物的布局，使其尽可能有良好的自然通风与采光，创建舒适自然宜人的人居环境，实现建筑生态节能的目标。

气候条件主要指场地所在地的气温、降水量、风、云雾及日照等气象因素，它极大地影响着建筑物的总体布局、建筑物的形体设计以及建筑材料的选择等。

4. 历史文脉及景观资源

历史文脉主要指场地所在地块、区域及城市的历史文化元素。建筑设计应尊重、保护、延续城市的历史文化特质，在城市建成环境中努力实现新老建筑的和谐共生。

景观资源主要指场地内的植被、树木、水体等资源，是建筑空间视线设计及使用功能组织的重要依据。场地的景观资源影响着建筑物的布局和朝向以及建筑中重要房间的位置。例如，隈研吾设计的中国美术学院民间艺术博物馆（图 4-1-3、图 4-1-4）。位于浙江象山的中国美术学院象山校区，被优美的自然环境包围。隈研吾设计的美术馆形态与倾斜的地形相结合，并没有侵入绿色的自然环境中。菱形的建筑形态创造了流动性的展览空间，交替变换的层高和空隙，将参观者带到被自然景观包围的户外区域。当地原生的建材和回收再利用的材料让建筑从基地土壤中生长出来。另外中国美术学院民间艺术博物馆外形层层叠叠宛如茶田，掩映在风光旖旎的山间。许多本地老民宅曾使用过的瓦片和石材，让这里呈现出一种自然之美。

图 4-1-3　隈研吾设计的中国美术学院民间艺术博物馆（一）

图 4-1-4　隈研吾设计的中国美术学院民间艺术博物馆（二）

（二）分析内容

1. 可建范围

（1）根据城市规划的要求及相关规范，划定建筑物的可建范围❶。

---

❶　主要依据建筑红线与用地界线、道路红线、城市蓝线、黄线、绿线、紫线等的距离。

（2）根据城市规划的要求及相关规范，分析建筑物的安全防护距离❶。

（3）根据场地的地形地貌对场地可利用状况进行分析❷。

（4）根据场地周边建筑状况进行日照、通风、消防、卫生、防噪、视线等分析。

2. 交通流线

（1）根据场地区位及周边交通状况进行人流分析和车流分析。

（2）根据场地区位及周边交通状况进行场地及建筑物出入口分析。

（3）根据场地区位及周边交通状况进行机动车辆及非机动车辆停车的布置分析。

3. 朝向布局

（1）场地内现状建筑的拆、改、留分析。

（2）根据城市规划要求，对建筑物的高度、体量等进行分析。

（3）根据功能要求、气象条件、景观资源等，分析建筑物的朝向与布局。

（4）对场地周边的人文环境及城市历史文脉进行分析，寻找建筑设计的依据与灵感。

4. 景观资源

（1）分析场地内的有保留价值的植被与水体。

（2）分析场地内的古树名木及其与建筑物的合理保护距离。

（3）分析场地周边可利用的风景资源，进行建筑物的朝向及视线的设计。

（4）综合场地及其周边的景观资源，形成建筑物的功能布局及广场、庭院等外部空间设计的重要依据。

（三）分析方法

1. 现场踏勘

记录和研究分析基地的技术和方法有很多，主要包括从场地自然状况

---

❶ 主要指建筑物与古树名木、高压线、加油站等的防护距离，避免于洪泛地段、通信微波走廊、高压输电通廊与地下工程管道区域内建筑。

❷ 主要包括场地标高、地形高差、坡度分类、坡度分析等。

勘测到对声、光以及城市历史文脉等方面的研究。其中，现场踏勘是最为简单易行的方法，即亲临现场，通过绘图、拍照、访谈等方式，观察与记录基地的状况。

现场踏勘并不需要立即获得一个完整的答案，但现场踏勘记录下来的信息将作为重要的依据影响着整个建筑设计的过程。现场踏勘能够为建筑设计者提供最直接的依据，并使最终建成的建筑更加适应基地的状况。例如，在噪声源和需要安静的功能区之间，布置建筑的储藏室、卫生间等相对次要的功能空间以进行隔离和过渡；根据场地周边的道路状况，确定场地及建筑物的出入口以及组织人行流线与车行流线等。

2. 资料整理

经过现场踏勘、资料查找等调查与分析，把记录下来的信息整理成建筑设计必需的基础资料（地形图、现状图），寻找基地的限制条件和建筑设计的依据。例如建筑物的退界要求（即建筑退用地红线、道路红线、城市蓝线、绿线、黄线、紫线等的距离）；与相邻建筑物的消防间距、日照间距、安全防护距离；场地交通流线及出入口设置（机动车、行人、辅助、货运、污物等）。资料整理主要包括以下两方面的内容。

（1）基地资料分析。

①场地周边的建成环境与历史文脉分析。

②场地的气象、地质、水文、地形图、现状图等资料的综合分析。

③场地的地形地貌、市政管线、城市空间、交通状况、周边建筑、景观资源等资料的综合分析。

（2）相关规范解读。

①城市规划与建筑设计的普遍性法规的解读，例如《城市道路和建筑物无障碍设计规范》《民用建筑设计通则》《总图制图标准》《建筑设计防火规范》等。

②地方性法规和相关技术规定的解读，例如《上海市城市规划管理技术规定》等。

③特定类型的建筑设计规范的解读，例如旅馆、剧场、电影院、文化馆、博物馆、百货商店、办公楼、银行、幼儿园、中小学、住宅等各类型建筑设计规范。

3. 图示分析

图示分析是一种方便、快捷而直观的表达方式。场地分析图即是基地分析的概念性表达，其重点在于定性地表达出拟建基地的各种限制条件及利用情况，一般不需准确地表达出各个细节尺寸。除了记录基地及其周边自然地理方面的信息，也包括记录者对基地的个人体验与理解。

方法1：对基地现状的个人解读，记录基地中现存的各种信息。

方法2：基于图形背景的研究（运用几何学原理研究基地的图底关系、虚实关系）。

4. 模型分析

相对于图示分析而言，模型分析是更为直观的三维表达方法，可以直观地体现基地内及其周边的地形地貌、建筑高度与体量等，有利于建筑设计者进行思考与推敲。模型分析有实体模型或计算机虚拟模型等。实体模型一般采用便于加工的纸板、木板、泡沫塑料等材料来制作。

二、场地总体布局

通过对场地宏观环境的解读以及场地基础资料的分析整理，我们对拟建场地有了综合全面的认识，在建筑设计中如何合理高效地利用场地，即如何进行场地的总体布局是接下来需要解决的问题。

场地总体布局应以所在城市的总体规划、分区规划、控制性详细规划、地方性城市规划管理条例以及当地规划主管部门提出的规划条件为依据。建筑布置、功能分区、交通组织、竖向设计、景观设计均应满足城市规划及相关规范的要求。

（1）功能分区合理。场地总体布局的功能分区应合理，并对场地竖向、环境景观、管线设计等统筹考虑。并满足消防、卫生、防噪等要求。公共建筑应根据其不同的使用功能和性质，满足其对室外场地及环境设计的要求，如安全缓冲距离以及人员集散空间等。

（2）因地制宜。每一片场地位于不同的地点，都有其个性与特征。场地的总体布局应密切结合场地的自然地形地貌、地域的气候与环境特点、城市总体风貌与历史文化等。因此，因地制宜是场地总体布局重要的原则。

（3）交通组织便捷。场地的交通组织应该便捷高效，与城市的交通衔接良好。合理布置场地及建筑物的出入口，合理组织人车流线，避免干扰以及布置停车设施。

（4）预留发展余地。场地总体布局应考虑区域或城市近远期发展的需求，预留发展余地，制定灵活具有弹性的发展框架，并应考虑技术与经济的合理可行性。

（5）生态与可持续。场地总体布局应具有生态与可持续发展的理念，注重节地、节能、节水等措施的运用。场地总体布局应保护生态环境，保持自然植被、自然水系等景观资源。场地内建筑物应根据其不同功能争取最好的朝向和自然通风，以降低建筑的能耗，节约资源。

基于对建筑宏观环境的解读和分析，场地的总体布局主要包括功能分区、建筑布置、交通组织、竖向设计以及景观设计五个方面。

（1）功能分区。根据具体的设计任务要求，进行场地的功能划分，包括确定主要建筑物的大致方位，确定场地出入口、室外广场、庭院、道路、停车设施等的布局。以小学为例，可按照不同的功能要求，将基地划分为教学、运动、行政办公、生活后勤等不同的功能区，再根据各功能区的使用特点，结合基地条件，进行功能分区，如图 4-1-5 所示。在进行场地总体布局时也常用多个方案来进行推敲和比选，以便决策出最优的布局方案。

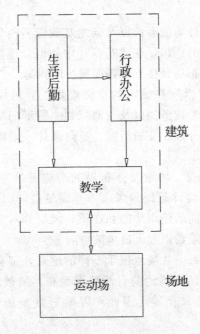

图 4-1-5　某小学基地功能分区示意图

（2）建筑布置。建筑布置主要包括以下几个方面的内容，它们分别是：确定可建范围，选择建筑朝向，确定建筑间距，布置建筑功能。

①确定可建范围。首先按照城市规划要求以及建筑与环境的关系，确定拟建建筑物与用地界线（或道路红线、建筑红线）及相邻建筑物之间的

距离（例如消防间距、日照间距、卫生距离），此外，还应确定建筑物退让古树名木或保护地物的距离。图 4-1-6 为依据城市规划条件以及各种退界要求而确定的某学校新建图书馆与教学楼的可建范围分析。

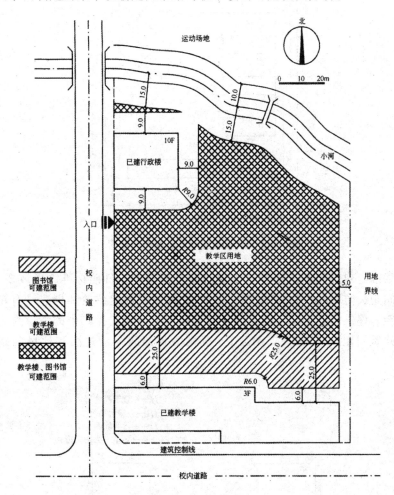

图 4-1-6　某学校新建图书馆与教学楼可建范围分析

②选择建筑朝向。根据日照因素、风向因素以及道路走向和周边景观等因素选择建筑朝向。一般而言，建筑朝向的选择目的是为了获得良好的日照和通风条件。为了获得良好的日照，我国大多数地区建筑的朝向以南偏东或南偏西 15°以内为宜。建筑与道路的关系也是影响建筑朝向的重要因素，因此建筑朝向也应充分考虑城市道路景观的要求，建筑一般顺应道路走向，与道路形成平行、垂直等关系，如图 4-1-7 所示。

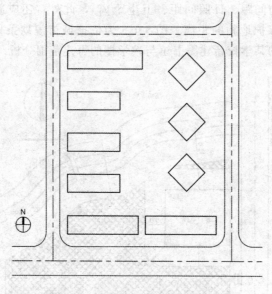

图 4-1-7　道路走向对建筑朝向的影响

　　③确定建筑间距。主要根据建筑的日照间距、日照标准、通风要求、防火间距、防噪间距等来确定新建建筑之间以及新建建筑和周边已有建筑的间距。建筑间距的确定需要综合各种因素，一般选择其中的大值作为实际的建筑间距。图 4-1-8、图 4-1-9 分别为日照间距示意图和通风间距示意图。

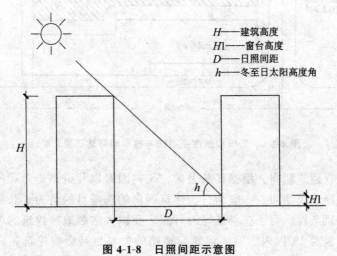

H——建筑高度
H1——窗台高度
D——日照间距
h——冬至日太阳高度角

图 4-1-8　日照间距示意图

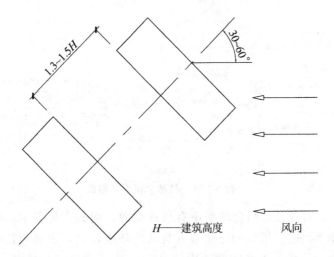

图中文字：1.3~1.5H　30~60°　H——建筑高度　风向

图 4-1-9　通风间距示意图

④布置建筑功能。在进行建筑的功能分区与空间组合设计时，应处理好建筑单体或建筑群体中的主次关系，如主要使用功能与辅助使用功能，主入口与次入口等，标注出主要建筑物的名称、层数、出入口位置等。

（3）交通组织。根据场地分区、使用活动路线与行为规律的要求，分析场地内各种交通流的流向和流量，选择适当的交通方式，建立场地内部完善的交通系统。充分协调场地内部交通与其周围城市道路之间的关系。依据城市规划的要求，确定场地出入口位置，处理好由城市道路进入场地的交通衔接，对外衔接出口应符合城市交通管理要求。有序组织各种人流、车流、客货交通，合理布置道路、停车场和广场等相关设施，将场地各部分有机联系起来，形成统一整体。场地的道路交通组织一般按照交通方式选择、场地出入口确定、流线分析及道路系统组织、停车场设置的基本步骤来进行。人流、车流、货流、职工、后勤、自行车、垃圾出口等应分流明确、内外有别。

（4）竖向设计。基地地面高程应按城市规划确定的控制标高设计。并结合各种设计因素，确定基地关键点的标高，例如城市道路衔接点、道路变坡点、主要建筑物的室内地坪设计标高，台阶式竖向布置时各个设计地面的标高以及地形复杂时的主要道路和广场的控制标高等。基地地面高程应与相邻基地标高协调，不妨碍相邻各方的排水。图 4-1-10 为某基地的剖面示意图，图中标示出了场地中各个设计地面的标高。

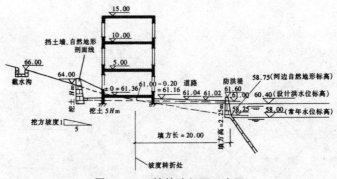

图 4-1-10　某基地剖面示意图

（5）景观设计。结合场地原有景观资源，例如古树名木、绿化植被、河流水体等，进行场地的绿化布置与景观环境设计，主要包括绿化配置、小品设计、景观节点和视觉通廊的设计以及场地地面的材质、色彩设计等。同时，也应考虑对场地周边的景观资源的有效利用，例如可以采用借景、轴线等手法将场地周边的景观资源引入场地的空间之中。图 4-1-11 为某幼儿园的景观设计示意，地块北面的常绿乔木能够阻挡冬季寒风。

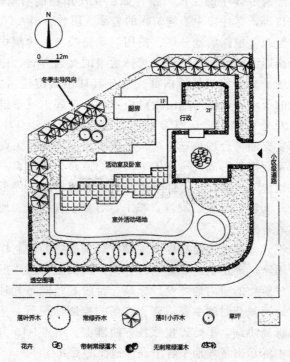

图 4-1-11　某幼儿园景观设计示意

第二节　建筑项目策划

一、建筑策划的内涵

建筑策划内涵主要是对建筑策划的简述，即什么是建筑策划以及进行建筑策划需要了解的一些基础问题，包括建筑策划的承担者，建筑策划的前期及后期准备等。

（一）什么是建筑策划

策划被认为是为完成某一任务或达到某种预期目标，对所采取的方法、途径、程序等做出周密的考虑，并以文字与图纸方式拟定出来的具体方案计划。

策划的核心是信息情报的收集、分析、阐述和转换。它以委托者的目标与使用者的要求作为策划的客观条件、理论依据，建立目标价值基准和效益评估体系，构建系统要素及结构关系——人力、物力、财力资源分配。

建筑策划是特指在建筑学领域内建筑师根据总体规划的目标设定，从建筑学的学科角度出发，不仅依赖于经验和规范，更以实态调查为基础，通过运用计算机等近现代科技手段对研究目标进行客观的分析，最终定量地得出实现既定目标所应遵循的方法及程序的研究工作。它将建筑学的理论研究与近现代科技手段相结合，为总体规划立项之后的建筑设计提供设计依据。

（二）建筑策划的基础

在一般的建设程序中，建筑策划应由建筑师（或建筑师和业主）来承担。它是紧跟着总体规划立项之后的一个环节。业主应在委托设计前，首先委托建筑师（或建筑策划师）进行建筑策划的研究，以求得设计阶段的理论依据。此时建筑策划为建筑设计能够最充分地实现总体规划的目标，保证项目在设计完成之后具有较高的经济效益、环境效益和社会效益，对人和建筑环境的客观信息建立起综合分析评价系统，将总体规划目标设定的定性信息转化为对建筑设计的定量的指令性信息。

近代数学的发展使这一研究更加信息化、完整化、独立化。统计学等近代数学手段使实态调查和数据分析更加精确，更加定量。这为建筑策划理论的创立做了物质和技术上的准备。

建筑师要完成设计目标，在展开设计工作之前，应做好两个准备：第一，是建筑环境的实态调查，取得相关的物理量、心理量；第二，是依据建筑师自身的经验，将这些调查资料建筑语言化，从而得出下一步设计的依据和基准。这两者缺一不可。一方面，缺少定性定量的分析，即凭经验拟订设计任务书，不可避免地会造成设计的不精确及与使用的脱离，甚至相悖。而另一方面，缺少经验的建筑语言，就不可能将调查的结果加以建筑化，进而对其全面功能加以组织。缺乏生动性和使用性的设计，充其量只是一张逻辑的框图。这两点可以说是建筑策划的基本思想，围绕这两点进行的协调、分析、创作也正是建筑策划的基本任务。

项目策划主要包括以下几个工作步骤：第一，信息收集。收集并读解特定区域的地理人文、经济产业、环境资源、政策法规等相关信息，把握居民生活方式与人居环境建设之间的需求关系。第二，基地选址。选择并比较项目基地，分析项目基地的外在条件（地理区位、交通设施、市政基础设施）、内在条件（地形地貌、地质水文、气候风向、环境景观）、上位规划设计条件（用地性质、用地开发强度等），为项目定位提供相对客观、准确的依据。第三，项目定位。确定并整合产地（场地）、产品（建筑设施）、产业（开发企业或产业集群）之间的关系，即确定时间、地点、性质、内容、规模、形象等工作。第四，效益评估。在项目开发建设前期或后期，进行社会效益、环境效益、经济效益评估，建立"三效"平衡关系。第五，开发计划。确定项目开发建设的工作步骤及计划，如第一期项目工程中的"启动产品"，第二期项目工程中的"核心产品""辅助产品""支撑保障产品"等。

二、建筑策划的领域

建筑策划是介于城市规划、建设立项和建筑设计之间的一个重要工作环节，它具有承上启下的作用、双向渗透的特点（图4-2-1）。

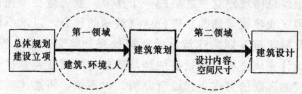

图 4-2-1　建筑策划的领域

建筑策划向上与城市规划、建设立项渗透，涉及社会人文、自然环境、经济产业等与建筑设计有关的宏观因素；向下与建筑设计环节渗透，涉及地区气候、场地地形、环境景观等与建筑设计有关的微观因素。因此建筑策划有"第一领域"和"第二领域"两个工作层面。

把人与建筑的关系作为研究对象是建筑策划的一个基本出发点，也是建筑策划的第一个领域。人类的要求与建筑的内容相对应，从对既存的建筑的调查评价分析中寻求出某些定量的规律，这是建筑策划的一个基本方法，其内涵外延极其广阔。例如，建筑和人类心理的相互关系及影响、生理的相互关系及影响、精神的相互关系及影响以及社会机能等，其中包括城市景观协调的要求、经济技术的制约因素、施工建设费用及条件限定因素等。人类要求的多样性、时代和社会发展的连续性意味着建筑策划的第一领域将持续扩展下去。

建筑策划的第二领域研究建筑设计的依据、空间、环境的设计基准，它包括以下几个部分。

（1）建设目标的确定。

（2）对建设目标的构想。

（3）对构想结果、使用效益的预测。

（4）对目标相关的物理、心理量及要素进行定量、定性的评价。

（5）设计任务书的拟订。

三、建筑策划的内容

前面我们已经论述了建筑策划的领域。由第一领域到第二领域，建筑策划受总体规划的指导，接受总体规划的思想，并为达成项目既定的目标整理准备条件，确定设计内涵，构想建筑的具体模式，进而对其实现的手段进行策略上的判定和探讨。归纳起来可以有以下五个内容：①建设目标的明确；②建设项目外部条件的把握；③建设项目内部条件的把握；④建设项目具体的构想和表现；⑤建设项目运作方法和程序的研究。

（一）建设目标的确定

建设目标的确定本属于总体规划立项范畴，但在建筑策划阶段对其进行检验、修正和明确化是必要的。为便于理解，我们举一个例子。某行政区拟建造一座文化宫，总体规划立项只是确定了建设目标是"文化宫"，可这是一个多目的、多功能的建筑综合体，是以音乐观演为主，还是以绘画沙龙为主？是主要面向高层次的文化知识界人士，还是雅俗兼顾面面俱到？其规模大小、使用者和经营管理者的构成以及位置朝向等问题是总体规划所回答不了的，但这些问题恰恰要在设计任务书中加以说明。也就是说，建设目标的具体确定和修正也应是建筑策划课题的一部分。

在建设目标的具体确定中，首先要确定的是建筑的主要用途和规模，然后是地域的社会状况及相互关系、使用的内容和建筑物的功能以及做出对未来使用的预测，同时对建筑造价、建筑施工做出明确的设想。

（二）建设项目外部条件的把握

建设策划应同时考虑建设项目内、外两方面的条件。外部条件主要指围绕建筑的社会、人文和地域条件。一般说来，建筑存在于社会环境中，在社会中充当何种角色是由相关的社会因素决定的。社会要求来自各个方面，建筑是和社会地域分不开的，如医院的建筑策划就需要考察地域内居民的生活方式以及与该地域内其他医院的关系。

同时，建筑在其所处地域中受各种各样因素的影响。例如，文化建筑的建筑策划要研究地域内的文化特征及变化趋势。商业建筑的建筑策划要研究建筑在城市中的商业价值、与周围道路广场等公共空间的关系。建筑的外影也应考虑建筑在城市景观中所充当的角色以及所在地区的建筑风格特色、建筑限高与体量大小等。

此外，建筑策划还应研究建筑物与其相关的广义环境间的相互关系。例如，在公共住宅的建筑策划中，要注意该住宅在区域中所处的角色，它的建设对全局、建筑经济和技术方面有无影响和贡献，即必须对环境进行全方位的考虑和研究。这里提及的环境应是一个广义的概念，它不仅包括地理、地质、水源、能源、日照、朝向等自然物质环境概念，还包括经济构成、社会习俗、人口构成、文化圈、生活方式等人文环境概念。这些外部条件的综合协调是做好建筑策划的关键。

（三）建设项目内部条件的把握

建设项目内部的条件是对建筑自身最直接的功能上的要求。

现代建筑无疑是社会大家庭中的重要成员之一，为人类创造和提供使用空间，是建筑最普通、最基本的要求。满足使用、生活的要求是决定建筑具体性质、造型和平面布局的第一位因素。

把握建设项目内部条件，首要一点就是研究建设项目中的活动主体，即建筑的未来使用者。从建筑角度可以依使用方式和范围的不同，将使用者进行划分。例如，医疗建筑其内在主体可分为医生、患者、护士、职员、服务人员、管理人员、探视人员等，如再细分患者还可分为门诊患者和住院患者。不同的使用者，其活动方式和特征以及对建筑的要求也就各有不同。把握这个主体，其他条件都是由这个主体通过对建筑空间的使用来实现的。这种对使用主体的研究是把握建设项目内部条件的关键。

其次是对建筑功能要求的把握。通常的方法是将以往同类建筑的使用经验作为基础，建筑策划的核心是通过对同类建筑的使用和生活状态的实态调查，来统计和推断建设项目的功能要求。由于时代的变迁，生活方式的改变，建筑功能不是一成不变的，调查统计现状，分析推测未来，寻求时代的变化，并对未来建筑的功能变化趋向加以论证，以科学的发展观指导设计也是建筑策划的重要内容之一。我们仍以医院为例，医疗技术的进步，医院制度的改革，患者疾病倾向的变化，医生护士专业水准的提高以及管理方式的变化等，势必带来医疗建筑在使用、管理、运营上的重大变革。建筑策划对其进行预测，研究新的建筑模式，这对建筑设计的变革是具有深刻影响的。

把握内部条件，还不只是简单地将生活与空间相对应。建筑空间自身也有其规范和自律的一面，如空间形态如何与用途和性格相适应，构造方式如何与设备系统相适应，建筑规模、结构选形如何考虑工程的投资概算等。内部条件的把握是为设计提供依据的关键，同时对外部条件和目标的设定也起到反馈修正作用。

（四）建设项目的动态构想——抽象空间模式及构想表现

建设项目具体的形态构想是建筑策划程序的中心工作。形态构想的基础基于外部和内部的条件要求，由这些条件直接自动生成一个具体的建筑形象是不可能的，离开理论的逻辑的分析，这个生成过程便难以实现。

建设项目具体建筑空间的构想❶，是建筑策划对下一步设计工作的建筑化准备过程。设计条件的建筑语言化、文件化为建筑设计制定出设计依据。建筑形态构想这一环节是不可或缺的。

形态的构想基于对建筑项目内外部条件的把握。首先从中找出建筑形态的条件，以空间的形式加以表现，而后对另外一些非建筑形态的条件进行建筑化的转化，而构成一个完整的建筑形态的条件。

为使这种转化进行得顺利，通常将项目条件中的空间关系抽象化，进行图式化的操作和变化，得到一种空间模式。例如，可以从建筑空间内所进行的各种活动之间的联系进行抽象，也可以从各种空间的功能的联系进

---

❶　对空间构想的预测和评价有"定性""定量"两种方法，评价有"先例评价""事前评价""结果评价"三种方法。

行抽象，还可以从人和物在空间中动线的联系上进行抽象等。从各个动态角度出发加以抽象，绘制出功能图、关系图、组织图、动线图等。这些图没有一个固定的形式，建筑师可用多种方式表达，它们是空间关系抽象化的表述，可以称其为抽象空间和空间模式。

同时，抽象图式的具象化是建筑策划为下一步建筑设计提供依据的准备。这一建筑化过程通常可以通过图面、模型来实现。图面和模型不仅是向他人传达构思的道具，更是建筑师自己考察、检验、发展其构想的手段。模型由于其直观性已被人所理解，而且建筑师又很容易对自己的构想通过模型进行三维立体空间的多方面探讨，以修正最初的构想，所以这种构想的模型表达方式近年来越来越受建筑师和业主们的青睐。

（五）建设项目运作方法和程序的研究

在实际工程项目的实现过程中，建设项目的运作方法和程序的研究是建筑策划中的一项重要内容。这里所说的项目运作的方法和程序主要是指由立项到策划再到设计的运作过程，它关系到各个方面，不能简单划一，它涉及法规、行政管理的方法、设计者施工者的选择、结构方式和设备系统的选定等因素。例如居住区的建设项目的运作，首先要考虑和接受地域内有关法规性的指令，在法规的限定范围内以争取最大的自由度和可能性，才能充分利用土地，最大限度地争取建筑面积，达到一定的经济效益和社会效益。因此法规和制度也是建筑策划的一条基本依据。

设计者的选定一般是业主的职权范围，可以通过委托或公开招标来选定建筑师，但建筑策划应对设计者能否履行建筑策划的既定方针而对其提出意见，并且依建筑策划的原理和标准，来审查各预选方案的可行性。结构方式和设备系统的选型，与工业化、标准化生产有很大关系，它直接影响到设计阶段的具体设计环节。

建筑策划向上以"立项计划书"与总体规划相联系，向下以"建筑策划报告书（设计任务书）"与建筑设计相联系。它的目的是要将总体规划思想科学地贯彻到设计中去，并为实现其目标综合平衡各阶段的各个因素与条件，积极协调各专业的关系。虽然建筑策划的结论对设计来讲是指导性的，但在设计阶段对建筑策划的反馈修正也不少见。建筑策划如同乐队的指挥和电影导演的工作，把作曲者和编剧的思想，通过自身巧妙、科学、逻辑的处理手法传达给演奏者和演员，最终使作品得到实现。超出以往朴素的功能，创造更新的设计理论，开发更高的建筑技术，建筑策划的范围在不断扩大，不但研究功能和技术的发展，同时还担当起创造丰富新文化的职责。

要研究建设项目运作的方法和程序，需全面了解与项目运作有关的因素，即建筑策划的相关因素，并将它们系统化地联系起来加以研究，图 4-2-2 所示为建筑策划得以进行的必要条件。

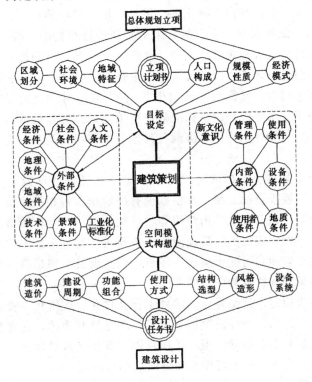

图 4-2-2　建筑策划相关因素

一般项目的建筑策划程序可以概括如下。

（1）目标的确定。这是根据总体规划立项，明确项目的用途、使用目的，确定项目的性质，规定项目的规模（层数、面积、容积率等一次、二次、三次元的数量设定）。

（2）外部条件调查。这是查阅项目的有关各项立法、法规与规范上的制约条件，调查项目的社会人文环境，包括经济环境、投资环境、技术环境、人口构成、文化构成、生活方式等；还包括地理、地质、地形、水源、能源、气候、日照等自然物质环境以及城市各项基础设施、道路交通、地段开口、允许容积率、建筑限高、覆盖率和绿地面积指标等城市规划所规定的建设条件。

（3）内部条件调查。这是对建筑功能的要求、使用方式、设备系统的状态条件等进行调查，确定项目与规模相适应的预算、与用途相适应的性格以及与施工条件相适应的结构形式等。

（4）空间构想。又称为"软构想"，它是对总项目的各个分项目进行规定，草拟空间功能的目录（list）——任务书，确定各空间面积的大小，对总平面布局、分区朝向、绿化率、建筑密度等进行构想，并制定各空间的具体要求，此外对平、立、剖、风格特征等进行构想，确定设计要求。同时对空间的成长、感观环境等进行预测，从而导入空间形式并以此为前提环境对构想进行评价，以评价结果反馈修正最初的设计任务书。

（5）技术构想。又称为"硬构想"，它主要是对项目的建筑材料、构造方式、施工技术手段、设备标准等进行策划，研究建设项目设计和施工中各技术环节的条件和特征，协调与其他技术部门的关系，为项目设计提供技术支持。

（6）经济策划。根据软构想与硬构想委托经济师草拟出分项投资估算，计算一次性投资的总额，并根据现有的数据参考相关建筑，估算项目建成后运营费用以及土地使用费用等项可能的增值，计算项目的损益及可能的回报率，做出宏观的经济预测。经济预测将反过来修正软构想和硬构想。一般较小的项目可能无须这一环节，但大项目特别是商业性生产性项目，其经济策划往往成为决策的关键。

（7）报告拟定。这是将整个策划工作文件化、逻辑化、资料化和规范化的过程，它的结果是建筑策划全部工作的总结和表述，它将对下一步建筑设计工作起科学的指导作用，是项目进行具体建筑设计的科学的、合乎逻辑的依据，也便于投资者做出正确的选择与决策。

下面，我们以西扎的保·娜瓦餐厅为例分析建筑项目策划的具体内容，涉及建筑目标的确定、建筑项目外部条件的把握以及建筑项目内部条件的把握。

（1）建筑目标的确定。保·娜瓦餐厅是西扎早年的作品，也是其成名作。该项目起初是西扎的老师塔沃拉在公共竞赛中中标的，中标之后便去环游世界了。回来之后，发现这个设计已经被西扎改得面目全非。塔沃拉看了这个方案，觉得新方案更好，但认为这已经不是他的设计了，所以就把这个项目交给了西扎。西扎彼时年仅 25 岁，虽然当时是一个学生，但是已经能够很好地处理许多关系。联系之前所分析的拉莫斯馆以及银行，与这个建筑就有一定的延续的手法。

西扎最早的设计是希望在人们进入建筑之前可以漫步走来，在原来的方案中西扎设计了一条直接穿越森林的路，延伸到建筑的入口，后来做完游泳池的项目之后，西扎重新设计了场地，从接近海滩的沙滩开始设计了一段曲折回环的石砌台阶，让人们在行走之中逐渐上升到入口平台。同时，门厅的高度非常矮，因为西扎只有1.56m，他习惯以他身高的尺度来设计建筑，于是这个不到2m高的屋顶就非常能够体现这种压抑的感觉，让空间有一个先抑后扬的效果。另外，建筑的西北侧是一座庙宇，西扎希望他的建筑也像这个庙宇一样是低调和朴素的，在庙宇的地方可以看到茶室的檐口与海平面连成一线，西扎希望建筑不要破坏自然景观的完整，因此建筑基本上与地平线齐平，屋顶的高度是非常矮的，不对景观产生干扰。

（2）建筑项目外部条件的把握。

①建筑的形态。建筑的形态有传统工艺的存在，另外受到现代主义柯布西耶的白色体块的交接，这里存在的是体块和板的交接，体和面的穿插和交接的关系，这里体现了西扎对早期的本土元素和现代语汇的结合。现代的柯布西耶式的白色体块与传统屋顶产生一个过渡，由体块变成板，穿插咬合，体块受到柯布西耶的影响，蜿蜒的路径有赖特的影子，也有密斯的影子。

②建筑的采光处理。建筑北侧是石头，西侧和南侧是景观，因此南侧转角的采光设计是比较重要的。主要突出的是一天的光线变化。利用屋顶间隙，创造了多样的光线，为极小空间带来丰富的变化。茶室的地方开了一些折线的窗让一天的光线变化比较明显。逐渐抬高的窗，根据屋顶的折线产生出折线的窗。人的视线所能看出的景观与落地的景观是有差异的，这种空间是非常重要的，可以分割两个界面（图4-2-3、图4-2-4）。

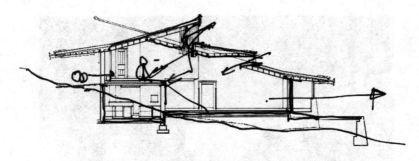

图4-2-3　建筑的采光处理（一）

图 4-2-4 建筑的采光处理（二）

餐厅与外部平台交接的位置有一排可以上下伸缩的玻璃窗，通过自由伸缩，可以形成奇特的观景效果，打开玻璃窗可以引入大海景观，使其与室内融为一体，关上玻璃窗又可以在玻璃的反光中看到大海，形成被景观环绕之感（图 4-2-5、图 4-2-6）。

图 4-2-5 餐厅与外部平台交接位置的玻璃窗（一）

图 4-2-6 餐厅与外部平台交接位置的玻璃窗（二）

③建筑的内部空间（图 4-2-7）主要由四部分组成——入口门厅、餐厅、茶室和厨房。设计之初，茶室和餐厅是基本对称的，但是西扎总会用一些刻意的轴线来消解对称。西扎通过一个扭转的操作，然后建筑再进行一定的切削，来避让石头等周围环境，从而达到建筑的不对称。但是结构的柱网是对齐的。

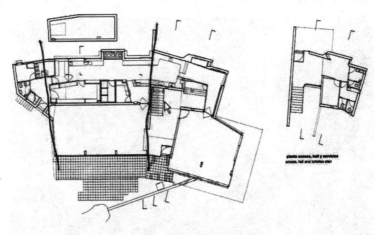

图 4-2-7 建筑的内部空间

在茶室和餐厅对面是厨房空间，厨房比茶室低，是一个非常矮的体量，这个空间几乎埋入山体之中，外部几乎不可见，这个空间就是非常重要的借以适应地形的空间（图 4-2-8）。

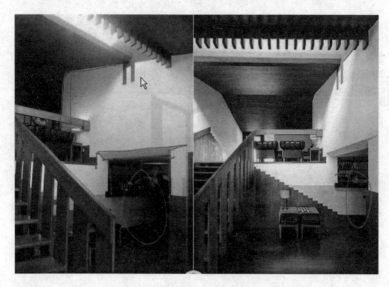

图 4-2-8　厨房空间

　　从厨房出来，上楼梯之前有一个过渡空间，内含吧台及一些小沙发。这个空间对西扎来说非常重要，依西扎而言：一个好的建筑应当有一个让人们可以偷偷接吻而不被发现的小角落。这个过渡空间正好可以承载一些人们的私密活动，作短暂停留（图 4-2-9）。

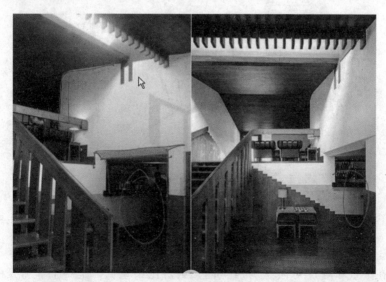

图 4-2-9　过渡空间

第五章　建筑规划设计的全过程（下）

第一节　建筑形态构成

建筑形态是一种人工创造的物质形态，是指建筑在一定条件下的表现形式和组成关系，包括物形的识别性及人的心理感受两方面内容。建筑形态构成就是在建筑设计中运用构成的原理和方法，在基本形态构成理论基础上，探求建筑形态构成的特点和规律，去营造气氛和创造形态的设计。

一、建筑形态构成的基本知识

（一）形态

万物的外在表现皆有形，形是在视觉上可见的，在触觉上可以用手摸到的。在人造物的活动中，形是重要的因素，造型这个词还包含着色彩、质感、空间、时间等因素。

形态包括形状和情态两个方面。有形必有态，态依附于形，两者不可分离。形态的研究包括两个方面。一方面是物形的识别性，另一方面是人对物态的心理感受。

1. 形态分类

形态一般可分为自然形态和人为形态两类，也可以分为具象形、意向形和抽象形三类。其中具象形属于自然形态，而意向形和抽象形则属于人为形态。

（1）具象形。靠自然界本身的规律形成的形态，是一种现实的、可视的、可触摸的为绝大多数人所能感知的实实在在的形状（图 5-1-1）。

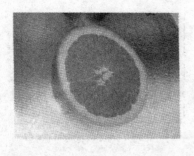
（a）

（b）

图 5-1-1　自然界存在的具象形

（2）意象形。意象形是一种概括的、观念的、有装饰意味的为社会群体所能认知的形状。它大多在具象的基础之上，经过提炼、加工、变形，使其失去某些具象的常态形式，而仍保留部分可辨识的象征特色，因而从具象中升华新的形状（图 5-1-2）。

图 5-1-2　从具象形变化而来的意象形

（3）抽象形。抽象形（图 5-1-3）是一种经验性的、理念性的纯粹式的形状。它一般不产生于自然界，而大多是由人的头脑思考后经过高度的概括、升华而产生的视觉符号。人为形态的创造活动，在不同程度上体现着科技与艺术的双重性，有的注重体现目的性和功能性，有的则着重考虑鉴赏性。这些因素决定着人为形态的不同类别，有实用目的的形态（如齿轮、发动机等），有以美为表现目的的形态（绘画、雕塑等）和介于两者之间的形态（服装、家具、建筑、汽车等）。

图 5-1-3　设计的抽象形（第 24 届奥运会会徽）

2. 基本形

基本形是平面构成中重要的概念之一，是构成平面图形的基本单位。基本形在构成中以一定的规律组织重复出现，使图形产生内在的联系和统一感（图 5-1-4、图 5-1-5）。

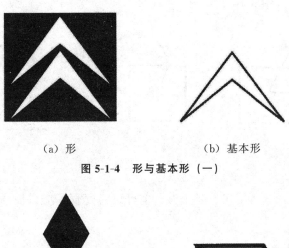

（a）形　　　　　　　　（b）基本形

图 5-1-4　形与基本形（一）

（a）形　　　　　　　　（b）基本形

图 5-1-5　形与基本形（二）

几何的基本形可以分为单形和复形。单形是不依靠另外的形象而独立存在的形态，正方形、三角形和圆形是基本形中的三原形。正方形无方向感，在任何方向都呈现出安定的秩序感，静止、坚固、庄严；正三角形象征稳定与永恒；圆形充实、圆满，无方向感，象征完美与简洁（图5-1-6）。

图 5-1-6　单形

复形是由两个以上的单形所组成的复合形，形态比单形丰富多变。形的组合不是简单的拼凑，应依据组合规律，如主次、联系、协调等使之有机结合而成为一个完整的、新的形态。组合特点是简洁、明快、变化丰富而又易于记忆（图5-1-7）。

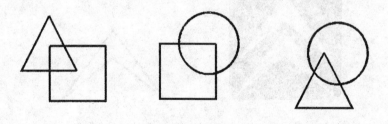

图 5-1-7　复形

在构成时，基本形可以是单形，也可以是复形，应以简洁为宜，避免组合复杂凌乱。

3. 形态构成内外部关系

（1）形与形的关系。两个单形或是基本形之间的组合可以有八种不同的关系：分离、接触、覆盖、透叠、联合、减缺、差叠和重合。这八种关系几乎涵盖了形与形组合的所有方面，适当运用各种关系对形态进行处理，可以得到具有视觉美感的形态（图5-1-8）。

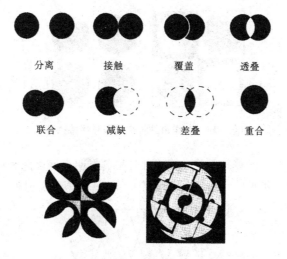

图 5-1-8　两形相遇的八种基本关系和构成实例

（2）骨格。骨格即骨架，是形态所依附的框架，支配整个构成设计的秩序，决定彼此间的关系，是联系形态的内在组织结构。

骨格由概念的线要素组成，包括骨格线、交点、框内空间。骨格的作用是组织基本形和划分背景空间，基本形和骨格的组织是构成一个形态的基本条件。

从不同角度分类，骨格可以分为作用性与非作用性、规律性与非规律性骨格。

①作用性与非作用性骨格。作用性骨格是由骨格线形成的骨格单位对基本形进行限定，在构成时强调骨格线的位置，将超出骨格范围的基本形做切削，使形态失去完整性。非作用性骨格一般为隐含的，只对形起定位作用，保持形态的完整（图 5-1-9、图 5-1-10）。

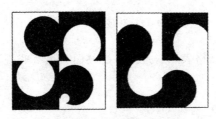

图 5-1-9　作用性骨格（圆形被骨格线切削）

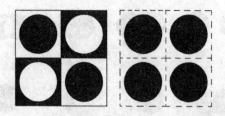

图 5-1-10 非作用性骨格（圆形保持完整）

②规律性与非规律性骨格。规律性骨格具有明显严谨的骨格形态，骨格单位直观明快，常见的骨格形式有重复、渐变、近似和发射等（图 5-1-11）。

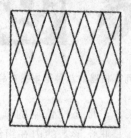

图 5-1-11 规律性骨格实例：两方向骨格倾斜

非规律性骨格没有明显的秩序感，形态依据内在的构成法则有机地组织在一起，常见的有特异和密集等骨格形式（图 5-1-12）。

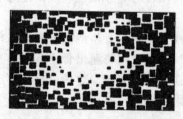

图 5-1-12 非规律性骨格实例

如果说规律性骨格表达的是理性的一面，那么非规律性骨格显现的则是感性的另一面。

（二）视觉心理

形态涉及形状和情态两方面，不同的形态在不同的情况下会给人不同的视觉效果和心理感受。人的视觉心理包括图与底、形式美规律与审美观念、视错觉等方面，研究形态的视觉心理会帮助我们深入了解形态的特点。

1. 图与底的视觉心理

平面构成中的形与它的背景通常在形态上差异明显，形有完整的边界轮廓，从背景中凸显出来成为焦点，称为图（正形），是画面的视觉中心；背景显得随意无规则，称为底（负形），图与底具有相反的视觉特性，图一般引人注目、容易记忆，具有轮廓及物体的特征；底一般不显眼、易忘记，不定性，很难感受到形体。

在具体的构成中，图与底在视觉上的关系不是绝对的，在一定的情况下是可以相互转化的，当图与底具有相同的视觉强度时，彼此可以互为图底（图 5-1-13）。

图 5-1-13　何为图？何为底？

2. 形式美规律与审美观念

形式美是指造型形式各要素间的普遍的、必然的联系，一般来说包括对比与统一、稳定与均衡、节奏与韵律、比例与尺度、主与从等方面的联系，这种联系是相对稳定的，是指导一切形态构成的基本原则。

审美观不是人类与生俱来的天性，而是随历史发展着的、对现实的具体认识之一。审美观不是静止和孤立的，往往受地域、民族、文化、年龄、性别、时代等因素的影响而有一定的差异，科学技术的进步带来新的事物和新的形态，推动着人类审美观的改变。

3. 视错觉

视错觉又称错视，是人的一种视觉现象，是与物体形状、色彩有关的错觉。视错觉是在环境和一定条件的作用下，人的心理、生理产生的一种错误的视觉影像。《列子》一书"两小儿辩日"中写道"日初出大如车盖而日中则如盘盂"就是视错觉的例子。透视学也是利用人眼视错觉的特点，在二维的平面中创造了虚拟的三维空间。

视错觉是既普遍又特殊的视觉现象，产生的原因很复杂，有生理和心理两方面的因素，还与感知物体时的环境以及光、形、色等因素的干扰有关。

如一个形比实际的尺寸看起来长或者短、一个形比实际的尺寸看上去大或者小、直线显得扭曲等。

视错觉可以分为形态错觉和色彩错觉，其中有长短错觉、角度错觉、大小错觉、远近错觉、距离错觉、反转实体错觉等方面。图 5-1-14 所示为长短错觉，因为视觉受到了线段两端不同方向的角和线段两侧不同长短的线的影响，长度一样的两条线，左边看起来要短一些。图 5-1-15 是大小错觉，一样大小的圆，由于对比的原因，被大圆包围的圆感觉要小一点。

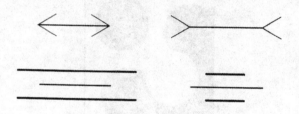

图 5-1-14　长度错觉

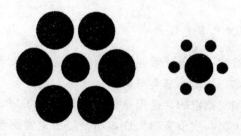

图 5-1-15　大小错觉

视错觉有时能严重歪曲形象，了解视错觉现象，可以在视觉上修正由此造成的图面不均衡，或巧妙地利用视错觉来产生某种特殊的效果。

（三）形态构成的基本规律

建筑形态构成的基本规律可以概括为以下几点：简化与统一、区别与对比、运动与联想等。

（1）简化与统一。视觉的单纯特性促使人把丰富的内容与多样化的形式组织在一个统一结构之中，使视觉获得一定的秩序。整体形态要获得统一，构成的各元素间应有一定的接近性、方向性、对称性、闭合性、连续性等特性。

（2）区别与对比。对建筑形态有了初步的认识，会进一步进行深入观察，形态的大小、曲直、虚实、形状、色彩、肌理等会有对比与微差，从而呈现出事物的多样性。区别的关键是对比，通过若干因素的差别，可以把表现单一的形态加以区别。如中国的塔，从简化形态来看基本是一样的，但深入分析，它们则各不相同。

（3）运动与联想。形态刺激人产生的视觉力感、方向感和动感，给形态增加了动态性。如何使一座沉静的砌体具有运动感和富有生命力，是处理建筑形态时要重点考虑的问题。形态在大小、形状、位置、方向、疏密、渐变、色彩等方面产生的节奏感和韵律的变化，都意味着运动。视觉上的联想是人看到的形态与记忆中的某一事物相同或相近，因而激发了想象，例如看到流线形态会联想到飞鸟。视觉体验来自于环境，由于人的差异，不同的人与环境会产生不同的联想。

二、形态构成要素

（一）建筑中的点

在建筑形态中，凡是在整个构图比例中有较小的位置，或从长、宽、高三维中只占据了较小空间的形体，都可认为是点的形态。

建筑平面形态构成中，点通过位置、大小和背景的色差以及距视觉中心的距离，体现形态力，影响观看者的心理，产生前进或后退、膨胀或收缩等不同的视觉效果。

1. 点在建筑形态构成设计中的表现形式

点在建筑形态构成设计中，主要有规律性构成与非规律性构成两种表现形式。

（1）规律性构成。规律性构成指建筑形态构成中各点要素的有序构成形式，其要素之间常呈几何形的排列与组合，又被称之为封闭式的构成。在构成中，要注意各个点要素之间节奏感的处理，以获得有序的视觉效果（图 5-1-16）。

图 5-1-16　点的规律性构成

（2）非规律性构成。非规律性构成指建筑形态构成中各点要素的自由构成形式，其要素之间要求聚散相宜、疏密有致、大小相间、高低错落，又称之为开放式构成。在构成中，须注意各要素间的构成要有抑扬起伏的韵律感变化，切忌建筑外观构形呆板、分散，其效果给人的印象应是自由、活泼与轻快的（图 5-1-17）。

图 5-1-17　点的非规律性构成

2. 建筑形态构成设计中不同位置的点

（1）点在线上。点在线上时有两个位置，一是在端点（图 5-1-18），二是位于节点（图 5-1-19）。

图 5-1-18　端点（夜间广场上柱子的发亮顶端）

图 5-1-19　节点（上海东方明珠电视塔）

　　端点存在于线的起始或终结处，棱角的顶端，建筑柱头、柱础、塔式建筑的顶部，圆锥、角锥的顶点等部位，这些端点以及夜晚广场灯柱上的点，都有点的特征。建筑形态设计时常在这些部位进行特殊处理，形成关注点、趣味中心。重视与发挥端点的作用，对引导人们的视觉关注有重要作用。

　　节点即道路交叉处的广场、廊道交汇的门厅或过厅、梁柱的交结处、梁柱与顶棚屋面的交结处等建筑的形体空间汇聚或交结的地方。设计时通常对节点进行加工处理，使之成为赏心悦目的观赏点。

（2）点在面上。建筑垂直与水平界面上的点，在建筑形态中起着呼应、联系、点缀等作用，作为细部的点更使建筑的表现趋向完美，起到突出重要部位的作用，成为画龙点睛之笔。点在面上包括平面中的点、立面中的点和空间中的点，下面主要介绍前两者。

①平面中的点。对于整个建筑形态来说，体积较小的形体会具有点的特征。在环境中相对较小的形态，如花坛、水池、树木、雕塑等都可以看成点。

②立面中的点。建筑立面上面积较小的窗洞、阳台、雨棚、入口以及屋面上其他突起、凹入的小型构件和孔洞等，都具有点的视觉特性。

点一般是间隔分布的，具有明显的节奏，有活跃气氛、重点强调、装饰点缀等功能，设计得当则会起到画龙点睛的作用。建筑立面中最富表现力的为窗洞，常自然分布形成点式构图。建筑立面上大面积密布的点窗，在城市景观中可以呈现出质感的效果。

我国传统建筑中点的形态非常多，如门钉（图 5-1-20）、椽头、滴水等，而在现代建筑中点应用的实例也是不胜枚举。

图 5-1-20　门钉

呈随意状态分布的点会带来自由跳跃的感觉，沿直线或曲线排列的点兼有线的方向感和点的活泼感。点密集排列成平面或曲面时，会使点丧失原有的特性，而呈现出一定的质感。点的形态决定了所形成面的质感。

（二）建筑中的线

建筑形态中一切相对细长的形状都具有线的效果，它可以是摩天楼、高耸的古塔、一排柱廊，也可以是一圈圈拱券。

线在构成中有表明面与体的轮廓、使形象清晰，对面进行分割、改变其比例，限制、划分有通透感的空间等作用。

线具有特殊的表现力和多方面的造型能力，一切建筑的各个部位都涉及线的设计问题。建筑立面中的立柱、过梁、窗台等构件和屋檐、窗间墙等部位都是线的表达，这些丰富的线可以构成变化多样的组合，许多杰出的建筑物都是以线的表现为主的。

建筑形态中的线有实线、虚线、色彩线、光影线、轮廓线等形态，各种线的加减、断续、粗细、疏密等不同方式的排列组合，是建立秩序感的手段。建筑结构主要通过线来表现，建筑中的直线和曲线的结构体系具有轻巧灵动的力感，结构的美感在很大程度上是线构成的美。在众多大跨度建筑反映了线造型优美而动态的效果，线型构件肯定的力量、有节奏的组合，使建筑产生了很强的感染力。

1. 线在建筑形态构成设计中的作用

建筑形态的线出现在面的边缘、轮廓和面的交界处。由于长短、粗细、曲直、位置等的不同产生丰富的视觉效果，如厚重、轻巧、刚强、动静等，唤起人们不同的联想与情感。

位于面上的线通过分割、排列、交接，使用可调的比例、变换的尺度，再配合材质、色彩等视觉要素形成了变化丰富的形态，起到装饰、表达感情与艺术风格、传达文化等作用，在建筑形态构成上发挥着特有的魅力。

（1）装饰。在绘画、雕塑、平面设计、广告制作等许多专业和领域，线作为一种主要的表现手段，产生和强化作品的美感与装饰效果。建筑平面或立面中的线，可以使建筑形态呈现出艺术的美感。

（2）表达感情与风格。线是点的移动形成的，所以线本身具备运动的力量。由线的形状、位置、方向等变化而显示出的力量、速度、方向等因素造成的运动感，是支配建筑形态中线的情感的主要条件。各种线具有长短、粗细、曲直、方位、色彩、质感、动静、横竖、刚柔等不同形态和不同力感、不同节律等视觉特点，可以使观察者产生伸张与收缩、刚强与脆弱、雄伟与柔和、拙与巧、动与静等不同心理感受，唤起多种联想和不同的情感反应。图5-1-21所示为里勃斯金德设计的德国柏林犹太人博物馆的平面简图，曲折、幅宽被强制压缩的长方体，线状的狭窄空间支离破碎，展示一个民族的悲惨命运，像具有生命一样满腹痛苦表情、蕴藏着不满和反抗。

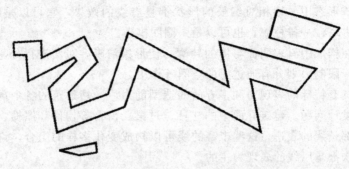

图 5-1-21   德国柏林犹太人博物馆平面简图

（3）传达文化。不同线的组合还常用来作为传达文化的符号。例如，古埃及金字塔浑厚粗壮的线表达了法老权力的至高无上，希腊、罗马柱式和檐口的线表达了典雅与华贵的思想，哥特式建筑直指向苍穹的线条显示了人们追求某种精神的思想，中国古典建筑舒展如飞的大屋顶，显示了人们对自然的亲和。

2. 建筑形态构成设计中不同样式的线

（1）建筑中的直线。直线是建筑形态中最基本的也是运用最为普遍的线，面的交接、体的棱、柱子、檐口、屋脊、栏杆、窗格等，处处都表现出了最为普遍的直线特征。

①垂直线与水平线。垂直的线与地面成直角相交，显示了与地球引力方向相反的动力。直线具有崇高向上和严肃的感觉，彰显着力量与强度，使物体表现出高于实际的感觉。两条等长的平行垂直线之间具有一种可联系成面的感觉，其间隔越近、重复的次数越多，面的感觉就越明显。

水平线与地面平行，具有附着于地球的稳定感，有舒展、开阔的表情，易于形成非正式的、亲切、平静的气氛。建筑中的水平线在一定程度上有扩大宽度和降低高度的作用。

当水平线与垂直线相交时，能抵消垂直线所形成的方向性和长度感。我国木结构的梁、枋、柱、斗拱等的特征都是这种横竖交织的力的平衡表现。建筑形态中的一切细长构件、线脚、接缝或影子，它们之间的平行或垂直相交的特征，均能构成线组合的节奏，形成丰富的韵律美。

②斜线。与水平线和垂直线相比，斜线更具有力感、动势和方向感，可看作升起的水平线或倒下的垂直线。斜线愈平缓，其性质愈接近水平

线，而接近垂直时则又与垂直线的性质相似。一条斜线是不均衡的，当两条斜纹交叉时，这种不均衡感和方向感会被削弱。由于斜线的这些特征，斜的形体一般显得比横竖的形体更活跃。如正方形或八角形，当立于一端点时，图形充满动势，与平置时的静态形成了鲜明对比。

（2）建筑中的曲线。曲线具有柔软、弹性、连贯和流动的性质和韵律感、柔和感，变化丰富，比直线更容易引起人们的注意。建筑创作中，曲线形式的应用丰富了建筑造型语汇，形成有别于传统建筑形态的空间艺术形式，创造出与传统静态意识相区别的、具有强烈动感、超现实力度感和生命力的建筑作品。建筑中常用的曲线形式有圆、椭圆、类椭圆、圆弧线、圆锥曲线、波浪线等几何曲线，以及"S"形曲线、"C"形曲线等自由曲线。

①自由曲线。自由曲线具有丰富的表情，流畅而富有运动感和节奏感。在场地设计、景观环境、雕塑中运用较多。

②几何曲线。按照形态的不同，几何曲线可分为闭合曲线和开放曲线。建筑形态中经常用到的闭合曲线有圆、椭圆和类椭圆等；常用的开放曲线有圆弧线、双曲线、抛物线、变径曲线和涡旋曲线等。

其中，圆形稳定、圆满浑厚，无方向性，是理想而完美的图形；椭圆形有长短轴之分，具有一定的方向性。建筑的整体造型和洞口形状经常会用到圆形与椭圆形；抛物线给人以奔放、方向感强、内聚性好的心理感受，近于流线形，具有速度感。抛物线的线形流畅悦目，应用于建筑创作中能够表达较强的现代感（图5-1-22）。

图5-1-22　建筑中的抛物线

（3）建筑中直线与曲线的结合。直线有阳刚之美和沉静之气，曲线则婉转流畅，有亲近自然的舒适感。直线与曲线的结合运用，是刚柔的完美组合，刚劲明朗之中不失轻快活泼。在直与曲的对比之中，直线造型更挺拔，曲线则更婉转、饱满。既体现了严谨理性与热情奔放的心理感受，又给人时尚简约与亲切自然的视觉冲击，丰富了艺术表现力（图 5-1-23）。

图 5-1-23 建筑中直线与曲线的结合

（三）建筑中的面

面的围合是构成空间和形成体量最重要的手法，千变万化的面进行组合，构成了风格多样的建筑形态。

1. 建筑形态构成设计中面的性质

在几何学中，面是线移动形成的轨迹，面具有长度、宽度，无厚度，是体的表面，受线的界定，有一定的形状。二维的面表示其方向和位置。面进行折叠、弯曲、相交后会形成三维的面。面有平面、折面和曲面等基本类型，平面具有机械性的庄严感，带有方向性，曲面则富有运动性与变化性。

面由于形状的不同，各具不同的表现力。面要素是建筑中关键的要素之一，以自身的属性（形状、大小、色调等）和各面之间的相互关系决定所构成空间的视觉质量。

2. 建筑形态构成设计中不同类型的面

建筑形态构成中的面通常指建筑的界面，主要有平面和曲面之分。

（1）建筑中的平面。平面是建筑形态中最常见的面，根据位置可以分为水平面（包括底面和顶面）和垂直面。

（2）建筑中的曲面。曲面有与生俱来的"舞动"特性，在建筑设计中适当运用一些曲面，会使形态产生强烈的动感而变得充满生机，使人感到优美、兴奋、活跃。曲面的合理采用可创造出丰富多彩的空间形态与性格迥异的视觉效果。

曲面可以看作线运动的轨迹。运动着的线叫母线，母线的形状以及母线运动的形式是形成曲面的条件。母线运动到曲面上的任一位置时，称为曲面的素线，在控制母线运动的条件中，控制母线运动的直线或曲线称为导线，控制母线运动的平面称为导面（图 5-1-24）。

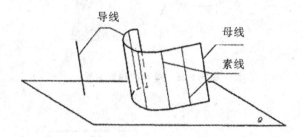

图 5-1-24　曲面的形成

曲面有不同的分类方法，一般来说可以分为规则曲面和自由曲面。在规则曲面中，可以按照母线的运动方式把曲面分为回转面和非回转面两大类。

①规则曲面。

a. 回转面。母线可以是直线或曲线，有直纹回转面和曲纹回转面之分。直纹回转面即由直母线旋转而成的回转面，如圆柱面、圆锥面、单叶回转双曲面（图 5-1-25）等。曲纹回转面即由曲线旋转而成的回转面，主要有圆球面、圆环面、椭圆旋转面、抛物线旋转面（图 5-1-26）、双曲线旋转面等。

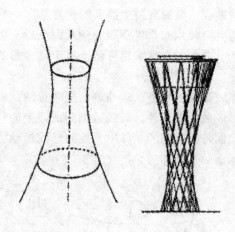

图 5-1-25　单叶回转双曲面

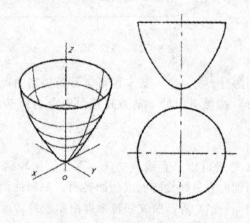

图 5-1-26　抛物线旋转面

　　b. 非回转面。母线按照一定的规律运动形成的曲面，和回转面相比，非回转面运动的规律较为复杂。分为有导线（导面）的直纹曲面和曲线移动形成的曲面。

　　有导线（导面）的直纹曲面，母线是直线，在固定的导线（直线或曲线）上滑动，所形成的曲面叫作有导线的直纹曲面。如果母线在导线上滑动时，又始终平行于某一固定的平面或曲面，这样形成的曲面称有导线导面的直纹曲面。常见的有柱面（图 5-1-27）、锥面、柱状面、锥状面、螺旋面（图 5-1-28）、双曲抛物面等。

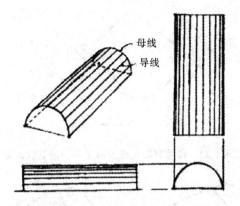

图 5-1-27　有导线导面的直纹曲面——柱面

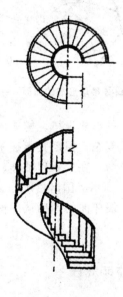

图 5-1-28　有导线导面的直纹曲面——螺旋面

　　曲线移动形成的曲面。曲母线可沿直线或曲线运动，当曲母线沿曲线运动时，有同向弯曲和反向弯曲两种情况（图 5-1-29、图 5-1-30）。

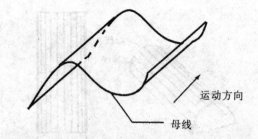

图 5-1-29　曲线移动形成的曲面——沿直线运动

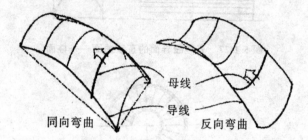

图 5-1-30　曲线移动形成的曲面——沿曲线运动

②自由曲面。自由曲面的形成规律、构成的方向、方式、速度和式样都在改变。自由曲面尽管很复杂，但因其承袭了自由曲线的内在特点，表现出奔放的性格和丰富的感情，在抽象型雕塑、自然化或非理性化的建筑创作中较为常见，图 5-1-31 所示美国洛杉矶的多彩青春俱乐部即为建筑中的自由曲面的一个实例，平缓弯曲的曲面从屋面翻卷下来，在近地面处成为座椅，有很好的整体感。

三、建筑形态构成作品点评

与建筑形态构成相关的作品较多，下面我们分别对涉及建筑形态构成要素的案例——弗兰克·盖里❶设计的悉尼科技大学商学院，约翰·伍重❷设计的巴格斯韦德教堂，贝聿铭设计的伊斯兰艺术博物馆和罗浮宫金字

---

❶　弗兰克·盖里（Frank Owen Gehry），当代著名的解构主义建筑师，以设计具有奇特不规则曲线造型雕塑般外观的建筑而著称。盖里的作品相当独特，极具个性，他的大部分作品中很少掺杂社会化和意识形态的东西。他通常使用多角平面、倾斜的结构、倒转的形式以及多种物质形式并将视觉效应运用到图样中去。在很多时候，他把建筑工作当成雕刻一样对待，这种三维结构图通过集中处理就拥有了多种形式。

❷　约翰·伍重（Jorn Utzon）是世界著名建筑师。他的一生设计过不少建筑名作，荣获过普利兹克等奖项。

图 5-1-31 建筑中的自由曲面实例

塔，西扎设计的新圣雅克德拉兰教堂，王澍设计的宁波博物馆等加以点评。

1. 弗兰克·盖里设计的悉尼科技大学商学院

这是一个超现实的、卷曲的设计，是为 Chau Chak Wing 大楼设计的。它是盖里在澳大利亚的第一个建筑。他把他的想法建立在一个树屋的结构上。外饰流入内部，内饰流动垂直圆润。学校建筑有两个外部立面，一个是由波浪形的砖墙构成，另一个是巨大的、棱角分明的玻璃（图 5-1-32）。

图 5-1-32 悉尼科技大学商学院

2. 约翰·伍重设计的巴格斯韦德教堂

伍重曾经提到教堂的设计灵感源自"天空的云朵"，因此他在剖面上运用浮云与大地，对中国传统建筑中的重檐与基座这两个要素进行了呼应和传承。他将传统的屋顶进行了演绎与创新，这些波浪形的多重拱壳，不仅模拟了云朵的形状，而且还能像云层一样反射光线。洒满阳光的云层顶端则演变为高开的侧窗，任由阳光直射进屋顶。白漆下是浇灌混凝土时遗留的木模板纹理，凹凸起伏的纹理和光线进行了互动，光影变化中流露出建筑的质感（图 5-1-33）。

图 5-1-33　约翰·伍重设计的巴格斯韦德教堂

3. 贝聿铭设计的伊斯兰艺术博物馆和罗浮宫金字塔

作为一个现代主义的建筑大师，贝聿铭非常善于运用纯粹的几何造型，尤其在 20 世纪后 20 年里的几次以金字塔形为原型的设计作品最为成功，比如巴黎罗浮宫扩建，克利夫兰摇滚音乐名人堂以及我国香港的中国银行大厦等。在晚年，也可以说进入 21 世纪之后，他的作品风格越发典雅，造型趋向复杂，比较偏爱用正方形的平面扭转与八边形相叠的组合。

在伊斯兰艺术博物馆（图 5-1-34），你可以透过水面看到不一样的景色。半弧状的建筑在光线经过水面折射变得完整了起来。博物馆外墙用白色石灰石堆叠而成，折射在蔚蓝的海面上，形成一种慑人的宏伟力量。

图 5-1-34　伊斯兰艺术博物馆

　　组成罗浮宫金字塔（图 5-1-35）的玻璃净重 105 吨，但作为支撑物的金属支架就仅有 95 吨。换言之，支架的负荷超过了它自身的重量，因此这座金字塔并不只是一座体现贝聿铭独特美学的典范，也是结合了现代科学精细计算的杰作。大面积地采用玻璃的材质，既利用了玻璃的透光性能好，又将玻璃这种现代材质与古典艺术相碰撞，以一种交融的姿态与罗浮宫相依。钢材与玻璃的组合无疑成为一种别样的艺术设计，使得整个建筑显得轻盈起来。

图 5-1-35　罗浮宫金字塔

4. 西扎设计的新圣雅克德拉兰教堂

位于法国雷恩的新圣雅克德拉兰的教堂（图 5-1-36、图 5-1-37）是西扎事务所最新的建筑实践之一。西扎利用白色混凝土和光线，塑造了一个富有艺术和神秘感的空间。在礼拜堂的空间上方，悬浮着一个正方形的平台，它的边缘和座位区的轴线保持了平行。这一平台能够调节从天窗摄入的光线，并通过天花板和曲线形的墙壁反射至室内各处。另有两座较小的天窗分别位于圣母雕像和洗礼池的上方，将光线笔直引入室内。这样一来，教堂内部的光线变得相互交错、具有层次感。

图 5-1-36　新圣雅克德拉兰教堂（一）

图 5-1-37　新圣雅克德拉兰教堂（二）

5. 王澍❶设计的宁波博物馆

宁波博物馆（图 5-1-38）位于鄞州区首南中路 1000 号，其建筑为首位中国籍"普利兹克建筑奖"得主王澍"新乡土主义"风格的代表作，是宁波市"十一五"重点文化工程之一。

---

❶ 王澍，1963 年出生于新疆乌鲁木齐，祖籍山西，成长于新疆、北京、西安。1981 年考入南京工学院（现东南大学）建筑系，1988 年从南京工学院（现东南大学）建筑研究所获建筑学硕士学位。2012 年荣获普利兹克建筑奖，2014 年入选中宣部文化名家暨"四个一批"人才，2016 年入选长江学者。现为中国美术学院建筑艺术学院院长、博士生导师、建筑学学科带头人、浙江省高校中青年学科带头人。

图 5-1-38　宁波博物馆

　　宁波博物馆建筑本身就是一件"展品"。博物馆外墙上使用了大量宁波老建筑上拆下来的旧砖瓦,有的墙面是倾斜的,仔细看还能发现砖瓦上有当年烧制时留下的符号。博物馆的外观被塑造成一座山的片断,外立面采用浙东地区瓦片墙和竹纹理混凝土,主体三层、局部五层,主体二层以下集中布局,两层以上建筑开裂、微微倾斜,演变成抽象的山体,将宁波地域文化特征、传统建筑元素与现代建筑形式和工艺融为一体。

第二节　建筑设计实践

　　建筑设计是一个实践操作过程,实践的内容是综合运用建筑知识,根据对象的具体情况,优选出相对合适的处理手法,形成合理的建筑设计方案。场地、功能、材料、施工以及建筑造价和安全使用等因素,建筑师应该在建筑设计过程中加以考虑。

　　建筑设计实践共分为设计构思、设计深化和设计表达三个阶段,其顺序不是单向和一次性的,需要经过任务分析—设计构思—分析选择—再设计构思循环往复的过程才能完成。

一、设计构思

　　任务分析作为第一阶段的工作,其目的是通过对设计要求、场地环境、经济因素和规范标准等内容的分析研究,为设计构思确立基本的依据。设计要求主要是以课程设计任务书的形式出现，它包括基本功能空间的要求（如体量大小、基本设施、空间位置、环境景观、空间属性、人体尺度等），整体功能关系的要求（如各功能空间之间的相互关系、联系的密切程度等），还要考虑不同使用者的职业、年龄、兴趣爱好等个性特点，建筑基地的场地环境要求，用于建设的实际经济条件和可行的技术水平以及相关的规范标准要求等。

设计构思在任务分析的基础上展开，要注意的是，建筑师的核心价值在于通过设计来解决实际问题，这些问题往往是复杂而多层次的，需要将它们进行分类，选择合理的技术途径，并挖掘不同技术的潜力。在解决问题的过程中，才产生了方法论层面上设计的自身问题。对采用的具体方法而言，没有最好的方法，只有更合适的方法，建筑师应努力通过自己的设计，去漂亮地、创造性地解决特定的设计问题。

设计首先要解决的问题就是在哪里盖房子，这涉及建筑形体与外部空间的关系以及建筑的场地问题。具体来看，首先要进行场地调研，具体的场地调研应包括地段环境、人文环境和城市规划条件三个方面。其次要把握好建筑形体❶与外部空间❷的关系，此时，需要在基地现状条件和相关的法规、规范的基础上，对场地内的建筑、道路、绿化等各构成要素进行全面合理的布置，通过设计使场地中的建筑物与其他要素形成一个有机整体，以发挥效用，并使基地的利用达到最佳状态，充分发挥用地效益，节约土地，减少浪费。在此基础上进行合理的功能分区及用地布局，使各功能区对内、对外的行为合理展开。最后在建筑形体与外部空间关系基本确定后，需要对场地进行进一步的深化设计。除了场地的物质空间信息（包括场地的位置、坡度、周边建筑、自然状况等）之外，还要了解场地的非物质空间信息，如场地的历史文脉、区域文化属性、区域经济状况、社会生态等。此外还需要了解场地的技术支撑条件，如交通状况、基础设施状况等。

二、设计深化

1. 功能与流线

建筑的功能指建筑物内外部空间应满足的实际使用要求，它决定了建

---

❶　建筑的形体是其内部空间的反映。
❷　建筑的外部空间指建筑周围或建筑物之间的环境。

筑各房间的大小，并满足观赏性、私密性、开放性、协调性、可变通性等的要求。

建筑的流线是指人流和车流在建筑中活动的路线，根据不同的行为方式把各种空间组织起来，通过流线设计来联系和划分不同的功能空间。一般交通联系空间要有适宜的高度、宽度和形状，流线简单直接明确，不宜迂回曲折，有较好的采光和照明，同时起到导向人流的作用。

2. 结构与空间

建筑设计实践最根本的目的，是获得合乎使用的空间。现代建筑日趋复杂的功能要求、建造技术和材料的突破，为建筑师创造建筑空间提供了更多的可能，空间意义也成为现代建筑最重要的内涵。

在建筑基本功能与流线关系确立以后，便可以进行建筑空间❶划分。建筑的结构虽然形成了空间的第一次划分（尤其对砌体结构而言，结构墙体完成了大部分的空间划分），但结构不等于空间。钢筋混凝土框架体系是最为常用的结构形式，但框架结构划分后的空间仍然是开敞的。剪力墙可以划分空间，但剪力墙的设置需要考虑抗震要求，无法和空间限定的需求相一致。框架结构的柱子之间可以砌墙，这些隔墙才真正限定出建筑的空间。如果需要一个开敞的空间，不希望任何结构构件对空间产生多余的限定，建筑师就必须重新进行结构选型，选择大跨结构体系以实现特殊的空间要求，此时，需要重新考虑结构和附加隔墙之间的组合关系。

3. 比较与优化

由于同样一个设计，解决问题的方法与途径存在多种可能性，这就需要对不同的可能性进行比较与优化。多方案构思是一个过程，为实现方案的比较与优化，首先应提出数量尽可能多，差别尽可能大的不同方案。其次，任何方案的提出都必须建立在满足功能、环境与建造要求的基础之上。而后，通过综合评价、逐步淘汰，优化选择出发展方案，并对其进一步完善、深化，弥补设计缺项。优化方案确定后，对它的调整应控制在适度的范围内，力求不影响原有方案的整体布局和构思，并进一步提升方案已有的优势。

---

❶ 通俗地说，建筑空间就是建筑内部可供使用的地方，反映了建筑功能价值。

三、设计表达

1. 草图

草图表现是一种传统的但也被实践证明行之有效的表现方法，它的操作迅速而简洁，可以进行比较深入的细部刻画，尤其擅长对局部空间造型的推敲。草图可以发生在建筑设计的各个阶段，然而它在构思阶段中使用得最多。从一个建筑方案被构思的那一刻起，它的概念草图也随之而来，呈现出构思的产生和进行各种分析和探究的过程。

草图不够准确，因为它可以再加工和再修改，所以给设计方案带来了多种可能性。草图为灵感的爆发提供了可能，只有当设计理念以草图的形式在纸上表现出来时，它才可以得到进一步的发展。分析草图可以让人产生灵感并且可以在细节上进行推敲，它通常用来解释这个方案为什么是这个样子的，或者最终它会是什么样子的。它根据人的活动赋予空间功能，或者根据亲身经历对城市进行分析，再根据城市规模进行城市设计。任何人都会画草图，在纸上不停地画线条很容易，关键是线条背后所要表达的思想和创作灵感。

2. 计算机辅助设计

计算机辅助设计可以用三维的立体形式，形象地表达建筑的外部环境和内部空间形态。计算机辅助设计将二维图纸与实际立体形态结合起来，让使用者在真实空间的条件下观测、分析、研究空间和形体的组合和变化，表达设计意图。计算机模型不仅表现形体、结构、材料、色彩、质感等，同时表现物质实体和空间关系的实际状态，使平面图纸无法直观反映的情况得以真实显现，使错综复杂的设计问题得到恰当的解决。

建筑中常用的计算机辅助设计软件有 AutoCAD、SketchUp、Revit 等。AutoCAD 是绘制平立剖面技术性图纸的最佳工具，可以精确地制作建筑图纸，同时也有强大的三维建模和观察能力。SketchUp 是一种直接面向三维设计的工具，具有强大的三维建模、材质赋予和渲染能力。Revit 则更适用于施工图阶段，能够优化团队协作，以类似实际建造的方法深化设计。

此外，实体模型为以三维形式表达思想提供了另一种方式。其中草模使建筑师能够快速产生对于空间的构思。场地环境模型提供了对于基地周边文脉的理解。城市模型提供了关于关键元素的位置以及基地地形等信息。表现模型表达了最终的建筑理念。表现模型可以通过多种具有不同质感的模型材料，展示建筑物建成后的真实效果，某些表现模型还具有可移除的屋顶或墙，从而展示出内部空间的重要角度。

制作模型的材料有油泥（橡皮泥）、石膏条块或泡沫塑料条块，在城市和场地环境模型中被广泛采用，也是制作草模常用的材料。木板或三夹板、塑料板，硬纸板或吹塑纸板，各种颜色的板材用于建筑模型的制作非常方便和适用。有机玻璃、金属薄板多用于能看到室内布置或结构构造的高级展示模型，加工复杂、价格昂贵。

3. 技术性图纸

在方案设计的后期，需要绘制技术性图纸，以专业规范的图示语言将设计构思清晰完整地表达出来。技术性图纸中最基本的便是平面图、立面图、剖面图和细部节点图。这些图纸都是精确的，它们使用比例来表达所包含的空间和形式。建筑设计可以通过全套图纸的信息和不同比例的使用清晰地表现三维空间。单独看，每种图纸表达的信息不尽相同，但是把它们集合在一起就可以完整地表现建筑设计。

4. 效果图

建筑效果图就是把建筑主体与周边环境用写实的方法，通过图形进行表达，把建筑落成后的实际效果用真实和直观的视图展示出来。传统上，建筑设计的表现图是人工绘制的，当前更普遍的是利用计算机建模渲染而成，二者的区别是绘制工具不同，表现的风格也各异。前者能体现设计风格和绘画的艺术性，后者类似照片，能够逼真地模拟建筑及环境建成后的效果。

建筑效果图主要包括以下几种。

（1）鸟瞰图：用较高的视点，按照透视原理绘制，适合表达建筑整体布局与周边场地环境，也适合表达建筑群体之间的相互关系。

（2）室外透视图：最常用的一类透视图，模拟人正常的视角，选择有代表性的观察位置，真实地模拟建筑物落成后的效果。

（3）室内透视图：采用人眼角度模拟室内空间真实建成的效果。

（4）剖透视图：在剖面上采用一点透视法生成，用于特殊空间表达。

5. 版面布局

版面布局应以易于辨认和美观悦目为原则。就布局版面的适当尺寸来说，大尺寸的图纸可能需要更大的物质空间去陈列，当图纸需要创造视觉上的冲击力时，往往需要以大尺度展示。一副小尺寸的图纸往往图幅很小，也就占用了较小的空间。需要整体性地考虑版面的布局，确定主要的图纸位置和文字位置，通过排版软件中的控制线加以界定。

图纸尺寸与图像大小相一致是至关重要的。布局选择的关键因素包括真实的图纸尺寸、图纸的观众或是读者、用于介绍图纸的信息的清晰度❶以及这些辅助信息不会分散观众或读者对图纸的注意力。

纵向或横向的布局则是另外一个需要考虑的因素，这个选择必须考虑一系列的图纸信息如何被轻松地阅读和理解。

6. 设计表达举例

在建筑设计实践中，设计表达是最为关键的一部分，为了让读者更好地理解，下面以荷兰著名建筑设计师雷姆·库哈斯❷设计的卡塔尔国家图书馆（图 5-2-1）设计建筑过程为例，将设计表达要素体现出来。

图 5-2-1　雷姆·库哈斯设计的卡塔尔国家图书馆

库哈斯在设计建筑时曾用一张纸来示意外形，建筑形体就是这么一步一步生成的（图 5-2-2）。

---

❶　比如标题、图例比例和指北针之类的平面图上必要的元素。

❷　雷姆·库哈斯早年曾做过记者和电影剧本撰稿人，1968 至 1972 年间，库哈斯在伦敦的建筑协会学院学习建筑，之后又前往美国康奈尔大学学习。1975 年，库哈斯与艾利娅·曾格荷里斯、扎哈·哈迪德一道，在伦敦创立了大都会建筑事务所（OMA），后来 OMA 的总部迁往鹿特丹。目前，库哈斯是 OMA 的首席设计师，也是哈佛大学设计研究所的建筑与城市规划学教授。库哈斯于 2000 年获得第二十二届普利兹克奖。中央电视台的新大楼便是由他所设计。

图 5-2-2 建筑形体生成过程

（1）设计表达要素之模型。卡塔尔图书馆模型中，外观是由两片从中间拉开的方形平板组成，平板沿着对角线对折，形成一个壳状的容器（图5-2-3）。

图 5-2-3 卡塔尔图书馆模型（一）

从高处看，图书馆也非常有几何美感（图 5-2-4）。

图 5-2-4 卡塔尔图书馆模型（二）

室内空间的设计模型如下（图 5-2-5）。

图 5-2-5 卡塔尔图书馆室内空间模型（三）

（2）设计表达要素之技术性图纸。主要有平面图、建筑剖面图。
图书馆平面图。

a. 图书馆一楼平面图（图 5-2-6）。

图 5-2-6　图书馆一楼平面图

b. 图书馆二楼平面图（图 5-2-7）。

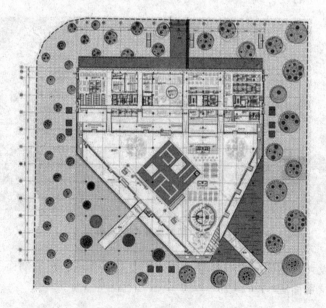

图 5-2-7　图书馆二楼平面图

c. 图书馆三楼平面图（图 5-2-8）。

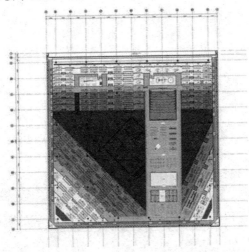

图 5-2-8　图书馆三楼平面图

d. 图书馆建筑剖面图（图 5-2-9）。

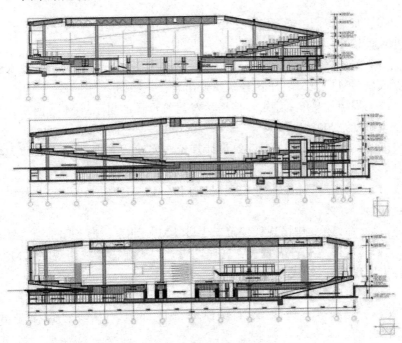

图 5-2-9　图书馆建筑剖面图

参考文献

[1] 陈超. 建筑类型学的文化转向探讨 [J]. 四川建材, 2017 (04): 67-69.

[2] 鬲鹏军. 房屋建筑设计与美学的有机结合分析 [J]. 四川水泥, 2018 (04): 96.

[3] 洪小春, 王卫刘, 亚楠. 浅议建筑结构美学的现代表达 [J]. 住宅科技, 2017 (04): 11-15.

[4] 吕健, 梅韩杰, 赵钧. 后现代哲学思潮与当代建筑理论 [J]. 沈阳建筑大学学报, 2015 (01): 13-16.

[5] 李娅. 传播学理论对建筑设计发展的启示 [J]. 开封教育学院学报, 2007 (02): 49-51.

[6] 张晓春. 建筑人类学之维——论文化人类学与建筑学的关系 [J]. 新建筑, 1999 (04): 67-69.

[7] 刘先觉. 现代建筑理论: 建筑结合人文科学自然科学与技术科学的新成就 [M]. 北京: 中国建筑工业出版社, 2008.

[8] 周楠. 媒介·建筑: 传播学对建筑设计的启示 [M]. 南京: 东南大学出版社, 2003.

[9] 高明磊, 王建军. 建筑设计理论与实践 [M]. 天津: 天津大学出版社, 2011.

[10] 岳华, 马怡红. 建筑设计入门 [M]. 上海: 上海交通大学出版社, 2014.

[11] 邹德侬. 中国现代建筑二十讲 [M]. 北京: 商务印书馆, 2015.

[12] (德) 克鲁夫特. 建筑理论史——从维特鲁威到现在 [M]. 北京: 中国建筑工业出版社, 2005.

[13] 周波. 建筑设计原理 [M]. 成都: 四川大学出版社, 2007.

[14] 鲍家声. 建筑设计教程 [M]. 北京: 中国建筑工业出版社, 2009.

[15] (英) 艾伦·科洪. 建筑评论——现代建筑与历史嬗变 [M]. 刘托, 译. 北京: 知识产权出版社, 2005.

［16］姚美康. 建筑设计基础［M］. 北京：清华大学出版社，2007.

［17］庄惟敏. 建筑策划导论［M］. 北京：中国水利水电出版社，2000.

［18］顾馥保. 建筑形态构成［M］. 3 版. 武汉：华中科技大学出版社，2013.

［19］丁沃沃. 建筑设计基础［M］. 北京：中国建筑工业出版社，2014.

［20］沈克宁. 建筑类型学与城市形态学［M］. 北京：中国建筑工业出版社，2010.

［21］汪丽君. 建筑类型学［M］. 天津：天津大学出版社，2005.

［22］（日）小林克弘. 建筑构成手法［M］. 北京：中国建筑工业出版社，2004.

［23］沈福煦. 建筑美学［M］. 2 版. 北京：中国建筑工业出版社，2013.

［24］邓友生. 建筑美学［M］. 北京：北京大学出版社，2014.

［25］童寯. 新建筑与流派［M］. 北京：北京出版社，2016.

［26］马进，杨靖. 当代建筑构造的建构解析［M］. 南京：东南大学出版社，2005.

［27］李钰. 建筑形态构成审美基础［M］. 北京：中国建材工业出版社，2014.

［28］卫大可. 建筑形态的结构逻辑［M］. 北京：中国建筑工业出版社，2013.

［29］孙明宇. 大跨建筑非线性结构形态生成研究［D］. 哈尔滨：哈尔滨工业大学，2017.

［30］王哲星. 基于信息传播的建筑外界面设计策略研究［D］. 重庆：重庆大学，2017.